# 모바일 서비스

...북 〈지금, 시리즈〉에 수록된 관광 명소들이
구글맵 속으로 쏙 들어갔다.

http://map.nexusbook.com/now/menu.asp?no=1

**"지금 QR 코드를 스캔하면
여행이 훨씬 더 가벼워진다."**

플래닝북스에서 제공하는 모바일 지도 서비스는
구글맵을 연동하여 서비스를 제공합니다.
구글을 서비스하지 않는 지역에서는 사용이 제한될 수 있습니다.

## 지도 서비스 사용 방법

QR 코드를 스캔 후
정보가 필요한
지역을 클릭!

← 지금, 나트랑

지금 나트랑

① 지역 목록 보기

② 관광명소 목록 보기

③ 친구와 지도 공유하기

④ 지도 전체 화면

⑤ 구글 지도앱으로 연동하여 지도 서비스 이용하기

구글 지도앱 보기

# MY TRAVEL PLAN

✈

**Day 1**

---

**Day 2**

---

**Day 3**

---

**Day 4**

---

**Day 5**

---

# TRAVEL PACKING CHECKLIST

| Item | Check | Item | Check |
|---|---|---|---|
| 여권 | ■ | | ■ |
| 항공권 | ■ | | ■ |
| 여권 복사본 | ■ | | ■ |
| 여권 사진 | ■ | | ■ |
| 호텔 바우처 | ■ | | ■ |
| 현금, 신용카드 | ■ | | ■ |
| 여행자 보험 | ■ | | ■ |
| 필기도구 | ■ | | ■ |
| 세면도구 | ■ | | ■ |
| 화장품 | ■ | | ■ |
| 상비약 | ■ | | ■ |
| 휴지, 물티슈 | ■ | | ■ |
| 수건 | ■ | | ■ |
| 카메라 | ■ | | ■ |
| 전원 콘센트 · 변환 플러그 | ■ | | ■ |
| 일회용 팩 | ■ | | ■ |
| 주머니 | ■ | | ■ |
| 우산 | ■ | | ■ |
| 기타 | ■ | | ■ |

# 지금, 나트랑

**지금, 나트랑**

지은이 마연희·박민
펴낸이 임상진
펴낸곳 (주)넥서스

초판 1쇄 발행 2020년 2월  5일
초판 2쇄 발행 2020년 2월 10일

2판 1쇄 발행 2022년 10월  5일
2판 3쇄 발행 2023년  7월 10일

출판신고 1992년 4월 3일 제311-2002-2호
주소 10880 경기도 파주시 지목로 5(신촌동)
전화 (02)330-5500 팩스 (02)330-5555
ISBN  979-11-6683-388-5  13980

**www.nexusbook.com**

26

# Now

## Nha Trang

마연희·박민 지음

사실 나트랑에 가기 전까지 이 여행지에 대해 큰 기대가 없었다. 그동안 푸껫, 발리, 코사무이 등 아시아의 내로라하는 휴양지는 이미 지겨울 정도로 다닌 탓이었다. 나에게 나트랑은 그저 베트남의 작은 바닷가 마을 정도였고, 머릿속에는 이미 '나트랑은 이럴 거야.'라는 선입견이 있었다.

그러나 하루, 이틀 시간이 지날수록 그런 마음은 온데간데없어졌다. 어느새 나는 모래 속으로 바닷물이 스며들듯 그렇게 나트랑의 매력에 빠져들었다.

나트랑의 매력을 색으로 표현하라고 한다면 금빛과 은빛이라고 답하겠다. 보통 태양이 내리쬐는 휴양지를 생각할 때면 강렬한 '레드'가 떠오르기 마련이지만, 나트랑은 시간이 지날수록 은은하고 세련된 매력이 돋보이기 때문이다.

한적한 나트랑의 해안 도로를 따라 창문을 열고 드라이브하다 보면 여기가 푸껫의 해안 도로인지 발리의 꾸따 비치인지 혼동될 정도이다. 끝없이 해변이 펼쳐진 롱비치, 열대 밀림이 해변을 품은 닌 반 베이, 수정 같은 바다로 둘러싸인 혼문섬 등 나트랑에서는 그 어느 곳도 같은 풍경이 없다.

이렇게 황홀한 바다를 가진 나트랑으로의 여행을 계획한다면, 드레시한 원피스와 조금은 과감한 수영복을 챙기는 것도 좋다. 맘껏 누리고 즐기고 쉴 수 있는 모든 것을 갖춘 나트랑은 당신이 원하는 파라다이스가 되어 줄 것이다. 그리고 분명히, 한국으로 돌아오는 비행기에서 다음 여행을 계획하는 당신을 보게 될 것이다.

## Special Thanks to! ─────────

처음부터 끝까지 작가를 믿고 기다려 주신 넥서스 출판사와 늘 지켜봐 주시고 든든한 응원해 주시는 권근희 이사님! 덕분에 자유로운 감성으로 편하게 쓸 수 있었습니다! 함께 작업하게 되어 영광입니다.

책이 나올 때마다 독박 육아를 해 주는 남편 조남수 씨와 마 작가라고 불러 주는 아들 조휘연, 언제나 응원해 주시고 격려해 주시는 어머님, 아버님. 책이 나올 때까지 응원해 주신 '휴 트래블' 가족분들과 작가로 첫걸음 내디딘 '타고난 작가' 미래 씨까지 이 책이 나올 수 있도록 물심양면으로 응원해주신 모든 분들께 진심으로 감사드립니다!

나트랑을 가슴으로 사랑하는
마연희

## 미리 떠나는 여행 **1부. 프리뷰 나트랑**

1부 프리뷰 나트랑에서는 여행을 떠나기 전에 나트랑이 어떤 곳인지 살펴보고 여행을 더욱 알차게 준비할 수 있도록 필요한 정보를 전달한다.

**01. 인포그래픽**에서는
한눈에 나트랑의 기본 정보를 익힐 수 있도록 그림으로 정리했다. 언어, 시차 등 여행에 도움이 될 간단한 도시 정보들을 소개한다.

**02. 기본 정보**에서는
알아 두면 여행이 더욱 즐거워지는 나트랑의 역사부터, 문화, 휴일 및 축제까지 여행을 떠나기 전 나트랑을 공부할 수 있는 흥미로운 읽을거리를 담았다.

**03. 트래블 버킷리스트**에서는
후회 없는 나트랑 여행을 위한 분야별 베스트를 선별했다. 먹고 즐기고 쇼핑하기에 좋은 버킷리스트를 제시해 더욱 현명한 여행이 될 수 있도록 하였다.

## 알고 떠나는 여행  2부. 신짜오 나트랑

1부에서 소개한 나트랑의 기본적인 정보를 바탕으로, 본격적으로 여행을 떠나기 위해 필요한 정보들을 담았다. 2부 신짜오 나트랑에서 알찬 여행을 계획해 보자.

**01.** How To Go 나트랑에서는 마지막으로 여행 전 체크해야 할 리스트를 제시하여 완벽한 여행 준비를 도와준다. 인천국제공항에서 깜라인 공항까지의 출입국 과정과 주의해야 할 사항 및 나트랑 교통 정보까지 제공하고 있다. 알고 있으면 여행이 편해지는 베테랑 작가의 팁도 알차게 담았다.

**02.** 추천 코스에서는 몸과 마음이 가벼운 여행이 될 수 있도록 최적의 나트랑 여행 코스를 소개한다. 동행과 여행 타입을 고려한 다양한 추천 코스를 제시하여, 한 권의 책이 열 명의 가이드 부럽지 않도록 만족도 높은 내용으로 구성하였다.

**03.** Now 지역 여행에서는 본격적인 나트랑 여행이 시작된다. 나트랑의 최신 정보를 모아 관광, 식당, 카페, 스파, 골프로 테마를 나누어 자세하게 설명하고 있어 여행 시 찾아보기 유용하다. 아무런 계획이 없어도 〈지금, 나트랑〉만 있다면 지금 당장 떠나도 문제없다!

지도 보기 나트랑 전도에 맛집, 상점 등을 표시해 두었다. 또한 지도 옆 QR코드를 스캔하면 〈지금 나트랑〉 도서에 수록된 여행지들이 담긴 구글맵을 활용해 스마트하게 여행을 즐길 수 있다.

여행 회화 활용하기 여행을 하면서 그 지역의 언어를 해 보는 것도 색다른 경험이다. 여행지에서 최소한 필요한 회화들을 모았다.

## contents

프리뷰
나트랑

# 신짜오
# 나트랑

# Xin Chào [신짜오]
# Nha Trang

**인구** 베트남 전체 인구 97,429,061명 (2019년 기준) 중
## 나트랑 417,474명

**민족**
## 54개 민족 (비엣족 85.7%, 타이족 1.8% 등)

**종교**
## 불교 12%, 가톨릭 7% 등

**언어**
## 베트남어

**화폐**
## 베트남 동 (VND)

**기후**
## 북부_ 아열대
## 남부_ 열대 몬순 기후

**비자**
한국인은 관광 목적으로 입국 시
## 15일까지 무비자
(단, 왕복 항공권 소지)

**시차**
## 한국보다 2시간 늦음

**전압**
## 220V, 50Hz

**국가 번호**
## 84 (나트랑 지역번호 0258)

Sapa

Hanoi

Halong Bay

**Vietnam**
- 국호 베트남 사회주의 공화국
- 수도 하노이Ha Noi
- 정치 공화당 1당제(임기 5년 단원제)
- 면적 33,096,700헥타르
- 위치 인도차이나반도 동부에 위치

Hue

Hoi An

Nha Trang

Dalat

Ho Chi Minh

# NHA TRANG

기 본 　 정 보

에메랄드빛 바다와 세계적인
리조트가 들어서 있는 나트랑
은 참파 문화의 성지부터 프랑
스 식민지의 흔적까지 베트남
의 역사가 고스란히 담긴 곳이
다. 알고 가면 더 좋은 나트랑,
그 역사 속으로 들어가 보자.

# 나트랑
## 역사

나트랑Nha Trang이라는 지명은 나트랑 지역을 감아 흐르는 카이강Cai River을 부르던 참족식 발음 'Ya Trang'에서 유래한다. 베트남 현지어는 '냐짱'인데 1940년대 나트랑에 주둔하던 일본군이 나트랑을 철자를 그대로 읽기 시작하면서 일본식 발음인 '나트랑'으로 현재까지 이어지고 있다.

나트랑은 15세기 초까지 베트남 중부 지역에 존속했던 참파Cham Pa 왕국의 성지로 1698년 베트남 왕국에 복속되었다. 1862년부터 약 100년 동안 프랑스의 통치하에 있으면서 식민지 사령부, 우체국, 무역 사무소 등이 들어섰고 프랑스인의 왕래가 많아지면서 자연스럽게 리조트들이 생겨나 프랑스인들의 휴양지가 되었다. 19세기 초반에는 주변 도시로 규모가 확장되면서 활발한 무역 도시로 성장하였다.

1958년 베트남의 프랑스령이 종료된 후 나트랑은 2개의 마을로 나뉘고 도시의 규모가 축소되었으나, 1960년 베트남 전쟁이 시작되면서 미군의 주요 사령부가 들어서는 등 미국의 베트남 전쟁 거점지가 되었다. 나트랑은 베트남 전쟁 중 한국군의 파병지로 '주월 야전 사령부'가 있던 곳이기도 하다. 베트남 전쟁이 종료되고, 베트남 공산당이 나트랑을 점령하면서 1977년 나트랑은 베트남 남부 칸호아Khánh Hòa주의 주도로 지정되었고 2009년에는 1급 도시로 승격되었다.

1990년 이후 베트남은 경제 개발 정책을 펼쳐 해외 자본을 유치하고 다국적 기업들의 투자를 받아 세계적인 리조트를 세우는 등 지속적인 개발을 하고 있다. 2003년 6월에는 유네스코가 나트랑 비치를 세계에서 가장 아름다운 29개의 해변 중 하나로 선정해 '아시아의 나폴리'로 불리며 세계적인 휴양지로 알려지게 되었다.

# 한 걸음 더 이해하기

베트남은 알면 알수록 매력적인 곳이다. 베트남으로 여행을 떠나기 전에 여행지의 문화를 알고 간다면 여행지에서 베트남 현지인들과도 조금 더 가까워질 수 있을 것이다.

## 오토바이의 나라

등록된 오토바이만 4,350만 대로 인구의 반 정도가 오토바이를 소유하고 있다고 할 정도로, 베트남에서 오토바이는 중요한 교통수단이다. 택시비가 생활 물가보다 비싼 이유도 있지만, 편하게 이동할 수 있는 있다는 장점 때문에 많은 사람들이 오토바이를 이용한다. 어디를 가나 오토바이 물결이니, 길을 건널 때는 가능하면 횡단보도를 이용하자. 횡단보도가 없는 도로를 건널 때는 좌우를 잘 살피고, 현지인들이 건널 때 같이 건너는 것이 좋다.

## 아오자이 & 논라

아오áo는 '옷', 자이dài는 '긴'이라는 뜻으로, 아오자이áodài는 긴 원피스를 뜻한다. 아오자이는 18세기 응우옌 왕조 때 완성된 것으로, 바지와 윗옷의 단추 등은 중국의 영향을 받았다. '아름다운 의상이지만 모든 여성이 입을 수는 없는 옷'이라고 여겨지는 지금의 타이트한 스타일로 변한 것은 최근의 일이다. 베트남 현지인들은 주로 특별한 날과 명절에 입으며 시내에서 아오자이 맞추는 가게를 어렵지 않게 볼 수 있다. 아오자이와 함께 베트남을 상징하는 삼각형의 전통 모자 논라Nónlá 또는 논Nón은 베트남의 뜨거운 태양과 더위를 피하는 좋은 수단이 된다.

## 호찌민

호찌민은 프랑스로부터 베트남 독립을 주도하여 통일로 이끈 베트남의 영웅이다. 베트남 지폐에 호찌민의 초상을 새겨 두고, 남베트남 경제 중심 도시의 이름도 호찌민으로 할 정도로 그에 대한 베트남 사람들의 존경심은 상상 이상이며, 베트남의 곳곳에서 그의 동상과 사진을 쉽게 볼 수 있다.

## 베트남 전쟁

베트남은 아시아에서 유일하게 중국, 프랑스, 미국 등 강대국으로부터 스스로 독립한 나라다. 특히 베트남 사람들은 '미국과의 전쟁에서 유일하게 승리한 나라'라는 사실에 큰 자부심을 가지고 있다. 중국처럼 사회주의 체제이지만, 과거 약 천 년 동안 중국의 지배를 받았기 때문에 감정이 좋은 편은 아니다. 또 베트남 전쟁 당시 미국 측으로 참전했던 한국에 대한 이미지도 좋지는 않다. 중부 지역에는 아직도 '한국인 증오비'가 있을 정도다. 여행 중 베트남 사람들과 이야기를 나누게 된다면, 가급적 베트남전에 대한 이야기는 삼가는 것이 좋다.

# 나트랑
## 날씨

나트랑은 우기가 짧은 사바나 기후로 연중 25~30도 내외이고, 우기는 10~12월로 짧은 편이다. 우기에는 강수량이 증가하여 한 달 평균 10일 내외로 비가 내리거나 흐린 날이 많다. 특히 11~12월은 필리핀에서 발생한 태풍이 지나가는 경우도 있다. 나트랑의 여행 적기는 2~8월까지로 강수량이 적어 비가 적게 오고 바람도 덜 불어 여행하기에 좋다. 나트랑은 연중 강렬한 햇볕이 내리쬐기 때문에 선크림과 모자가 필수다.

| | 1월 | 2월 | 3월 | 4월 | 5월 | 6월 | 7월 | 8월 | 9월 | 10월 | 11월 | 12월 |
|---|---|---|---|---|---|---|---|---|---|---|---|---|
| 최고 기온 (도) | 26.9 | 27.7 | 29.3 | 31 | 32.3 | 32.5 | 32.4 | 32.5 | 31.5 | 29.7 | 28.2 | 26.9 |
| 평균 기온 (도) | 23.9 | 24.5 | 25.7 | 27.3 | 28.4 | 28.6 | 28.4 | 28.4 | 27.6 | 26.6 | 25.6 | 24.4 |
| 최저 기온 (도) | 21.3 | 21.8 | 22.9 | 24.6 | 25.5 | 25.6 | 25.4 | 25.4 | 24.7 | 24 | 23.3 | 22 |
| 강우량 (ml) | 38 | 16 | 31 | 35 | 7 | 59 | 36 | 50 | 159 | 302 | 332 | 153 |

# 나트랑
## 공휴일

베트남은 한국과 마찬가지로 음력 1월 1일 구정이 가장 큰 명절이다. 보통 음력 12월 29일부터 1월 3일까지 휴무이다. 또한 4월 30일부터 5월 1일 전후로 노동절 연휴가 있는데, 이 기간에는 대부분의 상점과 식당이 문을 닫고 관광지는 베트남 현지인들로 붐빈다. 명절과 연휴에는 베트남 각지에서 휴가를 오는 현지인들로 호텔 가격이 올라가고 일찍 만실이 되는 경우도 있다. 구정과 노동절 기간에는 미리 식당과 관광지의 운영 여부를 알아보는 것이 좋다.

### 베트남의 명절 및 공휴일

| | |
|---|---|
| 1월 1일 | 신년 |
| 1월 1일(음력) | 뗏Tết (베트남 새해) |
| 3월 10일(음력) | 흥 브엉Hung Vuong 왕 추모일 |
| 4월 30일 | 호찌민 해방 기념일(남북통일 기념일) |
| 5월 1일 | 노동절 |
| 9월 2일 | 독립 기념일(베트남 민주 공화국 개국 기념일) |

# 나트랑
## 축제

### 1월
## 뗏
### Tét

**음력 1월 1일부터 7일간**

음력 1월 1일부터 7일간은 베트남에서 가장 큰 명절인 새해 '뗏Tét'이다. 현지인들은 이 기간에 집안을 장식하고 가족과 함께 새해를 맞이한다. 멀리 떨어져 있는 가족들이 모여 시간을 보내며, 선물을 나눈다. 이 시기에는 베트남의 유명 관광지의 상점들이 문을 닫는 경우가 많으니 참고하자.

### 3월
## 고래 축제
### Whale Worship Festival

**음력 2~3월**

어업에 기반을 두고 있는 나트랑에서는 매년 음력 2~3월 사이에 바다의 고래에게 제사를 지내는 '고래 축제'를 연다. 나트랑의 어부들은 고래가 바다로부터 본인들을 지켜 주고 풍어를 가져다준다는 믿음이 있다. 이 고래 축제는 나트랑이 속해 있는 칸호아 주의 대표 행사이다.

### 4월
## 포나가르 축제
### Ponagar Tower Festival

**음력 3월 20~23일**

참족의 여신 '포나가르'에게 지내는 제사다. 참족에게 쌀 재배 방법을 알려 주고, 전쟁과 파괴로부터 지켜 주는 포나가르를 기억하고 감사하는 의미다. 행사는 포나가르 사원에서 열리며, 성대한 퍼레이드도 한다. 포나가르 축제는 2012년 국가무형 문화유산으로 정식 인정되었다.

### 6월
## 살랑가네 둥지 축제
### Salangane Nest Festival

**음력 5월 10일**

살랑가네 새는 석회암 절벽의 동굴에 살고 자신의 침을 사용하여 둥지를 만든다. 이렇게 만들어진 둥지는 제비집과 마찬가지로 비싼 식재료로 쓰인다. 살랑가네의 둥지는 나트랑 현지인들의 주 수입원 중 하나다. 이 축제는 살랑가네를 제공해 주는 자연과 새에게 감사하는 의미이며, 매년 나트랑 해변가와 혼노이섬에서 열린다.

### 7월
## 바다 축제
### Nha Trang Sea Festival

**양력 6~7월 중, 2년에 한 번**

여행객들에게 가장 인기 있는 축제인 바다 축제는 2003년, 나트랑 해변이 가장 아름다운 해변으로 선정되면서 시작되었다. 나트랑 해변 공원에서 다양한 공연, 와인 및 음식 축제, 요트 전시회, 슈퍼 자동차 전시회 등 다채롭고 역동적인 행사가 열린다. 나트랑의 매력적이고 아름다운 자연 속에서 흥겨운 축제를 즐길 수 있다.

### 9월
## 뗏쭝투
### Tét Trung Thu

**음력 8월 15일**

뗏은 설날, 쭝투Trung Thu는 한자 중추仲秋를 베트남식으로 발음한 것이다. 한국의 추석 같은 축제로 가족들이 모여 월병을 먹고, 보름달이 뜨면 등불을 들고 거리로 나간다. 퍼레이드나 풍등 행사도 한다. 뗏쭝투는 아이들이 가장 좋아하는 명절로 '어린이의 날'이라고도 부르며, 아이들은 이날 사자춤을 추거나 등불 행사에 참여한다.

19

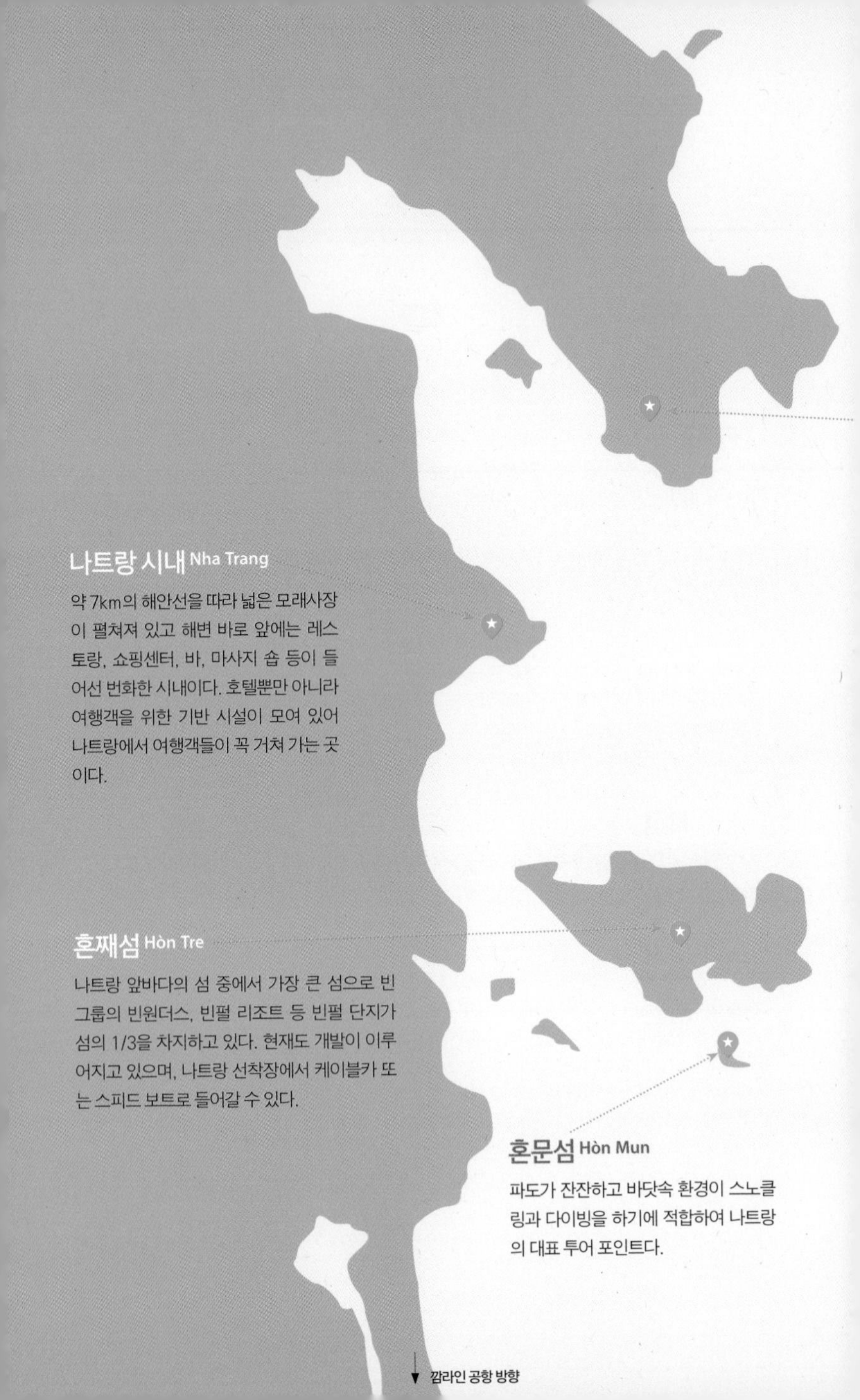

## 나트랑 시내 Nha Trang

약 7km의 해안선을 따라 넓은 모래사장
이 펼쳐져 있고 해변 바로 앞에는 레스
토랑, 쇼핑센터, 바, 마사지 숍 등이 들
어선 번화한 시내이다. 호텔뿐만 아니라
여행객을 위한 기반 시설이 모여 있어
나트랑에서 여행객들이 꼭 거쳐 가는 곳
이다.

## 혼째섬 Hòn Tre

나트랑 앞바다의 섬 중에서 가장 큰 섬으로 빈
그룹의 빈원더스, 빈펄 리조트 등 빈펄 단지가
섬의 1/3을 차지하고 있다. 현재도 개발이 이루
어지고 있으며, 나트랑 선착장에서 케이블카 또
는 스피드 보트로 들어갈 수 있다.

## 혼문섬 Hòn Mun

파도가 잔잔하고 바닷속 환경이 스노클
링과 다이빙을 하기에 적합하여 나트랑
의 대표 투어 포인트다.

↓ 깜라인 공항 방향

# 나트랑
## 여행 포인트

NHA TRANG

### 닌 반 베이 Ninh Van Bay

닌 반 베이는 나트랑 북부에 있는 선착장에서 배를 타고 들어가기 때문에 마치 섬으로 들어가는 느낌을 받지만 이름에서 알 수 있듯이 길게 뻗어 나온 지형이다. 배를 타고 5분만 들어가면 사람의 손때가 덜 묻은 천혜의 자연을 만날 수 있으며 세계적인 리조트들이 하나둘 들어서고 있어 나트랑에서 새롭게 각광받고 있는 지역이다.

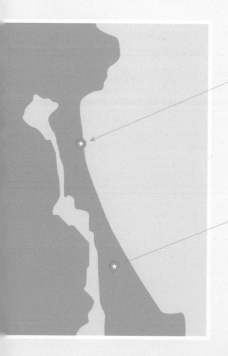

### 롱비치 | Long Beach

행정 구역상 깜라인Cam Ranh의 초입에 위치한 긴 해변을 지칭한다. 이곳에는 매년 새로운 리조트들이 들어서는 등 가장 개발이 빠르게 이루어지고 있다.

### 깜라인 공항
**Cam Ranh International Airport**

깜라인Cam Ranh공항은 나트랑으로 들어가는 관문이다. 2018년 국제 청사가 새로 개항하여 매일 수백 편의 항공편이 출발하고 도착하는 국제공항이다.

# NHA TRANG

트 래 블
버 킷 리 스 트

하루가 짧은 나트랑에서 이것
만은 꼭 봐야 하고 먹어야 하는
것들을 소개한다. 나트랑에서
이것만큼은 놓치지 말자!

## 나트랑을 즐기는
# 10가지 방법

나트랑을 보다 알차게 즐기는 방법.
오감을 만족시키는 나트랑의 먹거리, 볼거리, 즐길 거리를 알아보자!

### 가장 아름다운 해변
## 나트랑 비치에서 힐링하기

나트랑을 세계적인 휴양지로 알린 약 7km에 달하는 나트랑 비치는 아름다움 그 자체이다. 뜨거운 태양 아래 물놀이를 즐기고, 밤이면 화려한 나이트 라이프의 명소로 바뀌는 나트랑 비치에서 제대로 힐링하자.

### 대규모 테마파크
## 빈원더스 즐기기

가족 여행객들을 나트랑으로 이끄는 대
표 명소다. 놀이동산, 워터파크, 동물
원, 식물원이 섬 안에 모두 모여 있어 빈
원더스에서는 하루가 짧다. 하루 일정
을 잡고 여유를 두고 빈원더스 구석구
석을 즐겨 보자!

바다에서 건져 올린 신선한
## 시푸드 먹방 찍기

나트랑에서는 어디서나 싱싱한 해산물을 쉽게 맛
볼 수 있다. 크레이 피시Cray Fish로 알려진 로컬
랍스터에서부터 가리비까지 나트랑 앞바다에서
잡은 싱싱한 해산물을 저렴한 가격으로 먹어 보자.

빼놓을 수 없는
## 베트남 쌀국수 즐기기

나트랑에 도착하면 가장 먼저 해야 할 일은
바로 베트남 쌀국수를 먹는 일이다. 우리에
게 익숙한 소고기 쌀국수
'퍼보'부터 비빔국수
'미꽝', 매콤한 '분
보후에' 그리고
새콤달콤한 '분
짜'까지 다양한
쌀국수를 맛볼
수 있다.

열대 과일의 천국에서
## 마음껏 과일 맛보기

나트랑 시내는 한 집 건너 한 집이 과일 가게
다. 재래시장에서 한국에선 상상도 할 수 없는
저렴한 가격으로 망고와 망고스틴
을 살 수 있다. 나트랑에
서 달콤한 열대 과
일을 마음껏 맛
보자.

피부 미용에 좋은
## 머드 스파 & 베트남 마사지 체험하기

피부 미용에도 좋은 나트랑만의 독특한 머드 스파는 여행의 색다른 체험이 된다. 나트랑 시내 골목마다 늘어선 로컬 마사지 숍에서는 저렴한 가격의 마사지로 하루의 피로를 풀 수 있다.

나트랑 밤을 수놓은
## 야시장에서 쇼핑하기

어둠이 내리면 나트랑 야시장으로 가자! 기념품부터 나트랑 특산물 캐슈너트까지 보는 즐거움과 흥정하는 재미가 있다.

우리의 밤은 낮보다 뜨겁다
## 나이트 라이프 즐기기

잠자는 시간이 아까울 정도로 나트랑의 저녁은 뜨겁다. 분위기 좋은 비치 클럽에서 흥겨운 시간을 보내고 45층 루프톱 바에서 칵테일을 마시며 하루를 마감해 보자.

열대어와 헤엄칠 수 있는
## 혼몬섬에서 스노클링하기

나트랑의 바닷속이 궁금하다면 혼몬섬을 주목하자. 에메랄드빛 바닷속에서 형형색색의 물고기들과 함께 헤엄쳐 보자.

나트랑 역사를 엿볼 수 있는
## 포나가르 사원 & 용선사 돌아보기

세계 문화유산이자 참파 문화의 흔적인 포나가르 사원과 웅장한 불상이 인상적인 용선사에서 나트랑의 역사를 엿볼 수 있다.

여기는 꼭 봐야 해

# 나트랑 명소 Best 5

나트랑을 쉬기만 하는 휴양지로 생각하면 오산이다.
나트랑에서만 볼 수 있는 명소를 꼭 들러 보자!

### 혼쫑곶Hòn Chồng Promontory

해변과 어우러져 있는 독특한 모양의 바위는 한국에서 보기 어려운 자연환경을 보여 준다.
게다가 바위에 얽힌 전설과 함께 감상하면 더욱 의미 있는 곳이 된다. 탁 트인 바다 전망은 현지인들과 여행객의 인기 포토 스폿이기도 하다.

### 포나가르 사원
Tháp Bà Po Nagar

참파 문화의 유적지 포나가르 사원은 나트랑이 베트남 중부 참족의 거주지였음을 알게 하는 유적지이다. 수천 년이 지나도 무너지지 않는 탑과 힌두교의 포나가르 여신상을 통해 나트랑 역사의 한 장면을 엿볼 수 있다.

### 용선사 Chùa Long Sơn

용선사는 화려한 도자기 장식의 내부와 사원 입구의 거대한 향로가 인상적인 베트남식 불교 사원이다. 사원 뒤로 자리 잡은 거대한 불상은 온화한 미소로 나트랑을 내려다보고 있다.

### 나트랑 대성당
Nhà thờ Chánh Tòa Kitô Vua

프랑스 고딕 양식으로 지어진 나트랑 대성당은 베트남이 프랑스 식민지였음을 알려 주는 건물이다. 100년이 넘는 동안 나트랑 현지인들에게 마음의 위안처가 되어 준 성당은 외부는 소박하지만, 내부의 스테인드글라스가 아름답다.

### 해양 박물관
Bảo tàng Hải dương học

베트남 최대 해양 박물관으로 나트랑의 수산 자원을 개발하고 보존하는 데 크게 기여한 곳이다. 나트랑의 심해 물고기부터 산호까지 다양한 해양 생물을 만날 수 있으니, 아이들과 함께 방문하여 유익한 시간을 보내자.

알고 먹으면 더 맛있는

# 베트남 음식

베트남은 대표적인 쌀 생산국으로, 쌀이 모든 베트남 요리에 기본이 된다.
쌀국수부터 베트남식 바게트 반미까지 쌀로 만든 다양한 요리를 즐길 수 있다.

베트남은 남북으로 긴 지형의 영향으로 북부·중부·
남부의 각 지역 음식 문화가 뚜렷하고, 지형과 기후에
따라 지방마다 특색 있는 음식이 발달하였다. 먹으면
먹을수록 그 맛이 더 궁금하고, 알면 알수록 더 흥미
로운 베트남의 음식을 소개한다.

### 퍼 Phở

납작하고 넓은 면으로, 주로 퍼가, 퍼보 등의 하노이식 쌀국수와 고이꾸온 등에 들어간다.

### 분 Bún

한국의 잔치국수 면처럼 동그란 면으로, 분보후에, 분짜 등에 쓰이는 면이다.

### 미 Mì

분Bún보다 얇고 노란색을 띠는 면이다. 계란을 넣어 만들어 고소하며, 주로 볶음면 요리나 비빔면에 많이 사용한다.

> 베트남 쌀국수는 요리에 사용되는 면의 모양에 따라 이름이 달라진다.

### 퍼보 Phở Bò

흔히 알고 있는 베트남 소고기 쌀국수이다. 하노이 지역에서 시작된 쌀국수로, 하노이 쌀국수Pho Ha Noi라고도 한다. 맑은 육수에 쌀국수와 소고기 고명을 얹고 고수, 숙주 등을 넣어 먹는다. 쌀국수와 함께 나오는 식초나 식초에 절인 마늘을 넣어서 먹으면 더욱 풍미를 느낄 수 있다. 소고기를 넣으면 퍼보Pho Bo, 닭고기 육수와 고명을 얹으면 퍼가Pho Ga이다.

### 분짜 Bún Chả

'분Bún'은 쌀국수 면이고, '짜Chả'는 숯불에 구운 돼지고기를 뜻한다. 숯불에 구워 낸 돼지고기와 채소를 새콤달콤하게 양념한 느억맘 국물에 적셔 먹는 비빔국수다.

### 분팃느엉 Bún Thịt Nướng

쌀국수에 숯불에 구운 돼지고기와 민트, 바질, 숙주 등 채소와 짜조Chả Giò를 고명처럼 얹어서 매운 느억짬Nước Chấm 소스에 곁들여 먹는 음식이다.

## 분보후에 Bún Bò Huế

분보후에를 줄여서 분보라고도 하며, 베트남 중부 후에 지역 스타일의 쌀국수다. 퍼보는 매콤한 양념장을 넣는 것이 특징인데, 연간 강수량이 적고 태양이 강한 후에 지역은 분지 지형의 영향으로 고추가 많이 생산되기 때문에 이러한 스타일의 쌀국수가 발달했다. 칼칼한 맛이 한국인의 입맛에도 잘 맞아 인기가 많다.

## 미호안탄 Mì Hoành Thánh

호안탄은 흔히 완탕이라고 부르는 물만두로, 미호안탄은 완탕 쌀국수다. 맑은 국물의 깔끔한 맛이 일품이다.

┌─────────────────────────────────┐
**물티슈는 유료!**
베트남은 식당에서 물티슈가 유료이다. 필요하지 않으면 미리 거절하면 된다.
• 칸란 Khan Lanh = 물티슈
└─────────────────────────────────┘

## 분보싸오 / 분보남보
Bún Bò Xào / Bún Bò Nam Bộ

볶은 소고기와 야채를 얹은 쌀국수로, 베트남 피시 소스인 느억맘 소스에 설탕, 고추, 마늘, 식초로 만든 느억짬 소스를 넣어 비벼 먹는다. 하노이에서는 분보싸오라 부르고, 호찌민에서는 분보남보라고 한다.

┌─────────────────────────────────────────────────┐
**고수 빼 주세요!**
베트남은 태국에 비하면 음식에 고수를 많이 넣지 않지만, 고수가 들어가는 음식이 더러 있다. 고수가 입에 맞지 않는다면 주문 전 베트남어로 고수를 빼 달라고 요청하자.

• Không Cho Rau Thơm Chịa [콩 쪼 라우 텀 찌아]
• Không Cho Rau Mui Chịa [콩 쪼 라우 무이 찌아]
└─────────────────────────────────────────────────┘

베트남은 위아래로 긴 지형이라 지역마다 기후, 지형, 주된 식재료에 차이가 있다. 그래서 베트남에서는 지역별로 특색 있는 쌀국수를 맛볼 수 있다. 베트남의 서북쪽에 위치한 하노이에서는 12~2월 겨울에 기온이 10도 안쪽으로 떨어지기 때문에 뜨끈한 국물의 쌀국수가 발달하였다. 원래 소고기 쌀국수 퍼보도 하노이 지역 쌀국수였지만, 현재는 베트남의 대표 쌀국수가 되었다. 응우옌 왕조의 마지막 수도인 후에Hue 지방은 분지로 강수량이 적고 연중 기온이 높아 고추가 많이 생산되기 때문에 고춧가루를 넣은 얼큰한 분보후에가 대표 쌀국수다. 수제비와 비슷한 넓적한 쌀국수 면을 양념장에 비벼서 닭고기, 새우 등을 얹어 먹는 미꽝Mì Quảng은 다낭 지역의 쌀국수다. 아래 지방으로 내려갈수록 기온이 올라가서 시원한 국물에 찍어 먹는 국수나 비빔국수가 발달했다. 천 년이 넘는 동안 베트남의 해상 무역의 중심지였던 호이안은 일본 상인들의 영향을 받은 우동 같은 면의 '까오러우Cao Lâu'라는 비빔 쌀국수가 유명하다. 나트랑을 비롯한 호찌민 등의 베트남 남부는 새큼한 양념 국물에 면을 찍어 먹는 분짜 Búnchả가 유명하다.

퍼보 Phở Bò
Vietnam
미꽝 Mì Quảng
분보후에 Bún Bò Huế
까오러우Cao Lâu'
분짜 Bún Chả

---

## 메뉴판에 많이 쓰이는 베트남 식재료 읽기

대부분 베트남 식당의 메뉴판에는 영어로 설명해 있지만, 자주 사용하는 베트남의 식재료를 현지어로 알아 두면 편리하다.

- 메뉴Thực Đơn [특 던]
- 소고기 Thịt Bò [팃 보]
- 돼지고기 Thịt Lợn [(남)팃 런]
  Thịt Heo [(북)팃 헤오]
- 삼겹살 Ba Rọi [바 러이]
- 닭 Gà [가]
- 해산물 Hải Sản [하이 싼]
- 생선 Cá [까]
- 새우 Tôm [똠]
- 랍스터 Tôm Hùm [똠 훔]
- 게 Cua [꾸어]
- 오징어 Mực [묵]

- 농어 Cá Mú [까 무]
- 병어 Cá Chim [까 찜]
- 뿔소라 Ốc Gái [옥 까이]
- 굴 Hàu [하우]
- 전복 Bào Ngư [바오 응우]
- 조개 Hến [헨]
- 밥 Cơm [껌]
- 빵·떡·케익 Bánh [반]
- 빵류 Bánh Mì [반미]
- 죽 Cháo [차오]
- 공심채(모닝글로리)
  Rau Muống [라우 무엉]

- 스프 Canh Chua [깐 쭈어]
- 피시소스 Nước Mắm [느억 맘]
- 스페셜Đặc Biệt [닥 비엣]
- 달걀Trứng Gà [쯩가]
- 작다Nhỏ [뇨]
- 크다Lớn [론]
- 찌다Hấp [햅]
- 굽다Nướng [느엉]
- 볶다Chiên [찌엔]
- 음료Nước [느억]
- 맥주Bia [비아]
- 접시(요리를 세는) Dĩa [지아]

## 고이꾸온Gỏi Cuốn

상추, 민트, 숙주 등의 야채와 익힌 새우 등을 라이스페이퍼로 감싼 요리로, 땅콩 소스나 느억맘 소스를 찍어 먹는다. 두꺼운 라이스페이퍼로 싼 것은 퍼 꾸온Phở Cuốn이다.

베트남의 거의 모든 요리에 사용되는 라이스페이퍼는 쌀가루를 얇게 펴서 찐 것이다. 베트남 현지의 라이스페이퍼는 부드러운데, 수분이 묻으면 촉촉해진다.

## 짜조Chả Giò

짜조는 다진 고기나 새우살, 버섯, 쌀국수 등을 라이스페이퍼로 싸서 튀긴 요리로, 고이꾸온을 튀긴 것으로 생각하면 된다. 북부 지방에서는 '넴Nem'이라고 한다.

### 반쎄오Bánh Xèo

묽은 쌀가루 반죽을 프라이팬에 두르고 위에 새우, 돼지고기, 콩, 숙주 등을 넣고 반을 접어 만드는 베트남식 부침개이다. 상추나 민트 등을 넣고 라이스페이퍼에 싸 소스에 찍어 먹는다.

### 넴루이Nem Lụi

넴은 돼지고기 완자를 숯불에 구운 것을 말한다. 보통 야채와 함께 촉촉한 라이스페이퍼에 싸 먹는다.

**반깐**Bánh Căn

쌀가루를 국화빵과 같은 작은 원형 틀에 넣고 새우와 쪽파를 얹어 만든 쌀 케이크이다. 새우, 오징어, 소고기, 굴 등 토핑을 선택할 수 있고 느억맘 소스에 찍어 먹는다. 베트남 사람들이 맥주와 함께 즐기는 대표 간식이다.

**보네**Bò Né

베트남 사람들의 아침 식사로 유명한 보네는 팬에 계란과 소고기, 소시지가 함께 나오는 철판 스테이크이다. 프랑스 문화의 영향을 받아 생겨난 베트남 국민 조식으로 반미 바게트와 함께 먹는다.

**반미**Bánh Mì

반미는 베트남의 빵을 부르는 말이다. 베트남은 프랑스의 영향으로 빵이 쌀과 더불어 대표 식재료로 쓰인다. 그중에서도 베트남식 바게트 샌드위치가 대표적으로 반미라 불린다. 돼지고기, 소고기, 참치 등 주재료와 기호에 맞는 야채를 넣고 소스를 뿌려 샌드위치를 만들어 먹는다. 반미를 고깃국물에 적셔 아침 식사 대용으로 먹기도 한다.

**반베오**Bánh Bèo

쌀가루와 타피오카 가루를 섞어 종지 같은 작은 그릇에 넣고 찐 요리다. 요리 위에 새우 가루나 돼지고기 등의 고명을 얹어 먹는다. 쫄깃한 식감이 한국의 떡과 비슷하다. 베트남 중부 지역 후에의 대표 음식이다.

🍚 밥류

### 껌짱Cơm Trắng

일반적인 흰밥을 뜻한다. 공깃밥을 주문할 때 유용하다.

### 껌찌엔하이산Cơm Chiên Hải Sản

껌찌엔은 볶음밥, 하이산은 해산물이라는 뜻으로 해산물 볶음밥을 말한다.

### 껌가Cơm Gà

한국인이 좋아하는 담백한 맛으로, 굽거나 양념을 하여 쪄 낸 닭고기를 밥 위에 얹은 닭고기덮밥이다.

🥢 사이드 메뉴

### 똠수찌엔보또Tôm Sú Chiên Bơ Tỏi

버터와 마늘을 넣어 볶은 새우 요리다.

### 라오무엉싸오또이Rau Muống Xào Tỏi

밥과 잘 어울리는 반찬 요리다. 굴 소스와 마늘을 넣어 모닝글로리(공심채)를 볶은 것으로, 인기가 많다.

### 반호이팃느엉Bánh Hỏi Thịt Nướng

양념한 돼지고기 바비큐를 쌀국수, 야채와 함께 소스에 적셔 먹는다.

나트랑 로컬 푸드 맛집

# 현지 식당 Best 3

베트남에서 현지인에게 사랑받는 인기 로컬 푸드 맛집을 소개한다.

## 촌촌킴Chuồn Chuồn Kim

베트남 가정집에서 즐기는 가정식 백반 전문점이다. 흔하게
먹기 힘든 현지인들의 식단을 경험할 수 있다. 반드시 흰밥
(껌짱)을 주문하여 함께 먹도록 하자!

추천 메뉴 | 모닝글로리 볶음Rau Muống Xào Tỏi, 돼지고기찜Suon Ram Man, 양념한 새우구이Tom Rang
Muoi, 베트남식 고등어찜Ca Thu Chien Sot Ca

37

### 갈랑갈Galangal

한국인 입맛에 가장 잘 맞는
퍼보, 고이꾸온, 짜조부터
월남쌈으로 알려진 넴루이
까지 베트남 길거리 음
식을 저렴한 가격으
로 즐길 수 있다.

추천 메뉴 | 넴루이Nem Lụi, 반쎄오Bánh Xèo, 껌찌엔하이산Cơm Chiên Hải Sản, 분보싸오Bún Bò Xào

### 퍼 홍Pho Hồng

진한 국물에 살짝 데쳐서 나오는
베트남 정통 소고기 쌀
국수인 퍼보 맛집! 뜨끈
하게 즐기는 진한
소고기 쌀국수는
속까지 시원하다.

추천 메뉴 |
퍼보Phở Bò 단일 메뉴
소 Nhỏ [노], 대 Lớ [론]

더운 날씨의 갈증을 풀어 줄

# 베트남 대표 음료

베트남은 커피를 비롯하여 차와 사탕수수 음료까지 비교적 다양한 음료가 발달하였다.
베트남의 미식 투어는 커피와 차를 마셔야 비로소 완성된다고 할 수 있다.

 베트남 커피

## 세계 커피 생산량 2위의 베트남

19세기에 베트남이 프랑스령이 되면서 들어온 프랑스 사람들이 고산 지대인 달랏 지역을 중심으로 커피를 재배하기 시작했다. 이후 커피는 베트남 사람들의 식문화에 녹아들었고 100년이 지난 지금, 베트남은 전 세계에서 브라질 다음으로 커피 생산량 2위인 국가가 되었다. 베트남 사람들은 하루를 커피로 시작해서 커피로 마감한다는 말이 있을 정도로 본토 커피에 대한 애정이 남다른데 세계적인 커피 체인점 스타벅스, 일리 커피가 베트남에서 인기를 얻지 못하는 이유이기도 하다. 베트남은 하이랜드, 콩 카페, 쯩우엔 등 독자적인 브랜드와 로컬 카페가 인기가 많다.

까페 쓰어다Cà Phê Sữa Đá

진하게 내린 커피에 연유를 넣어 먹는다. 커피가 쓰고 진하고 달다.

까페 덴다Cà Phê Đen Đá

베트남식 아이스 아메리카노를 말한다.

베트남은 커피 강국인 미국이나 이탈리아의 커피와 다른 '베트남 스타일'의 커피를 고수하는데, 연유를 넣어서 먹는 '카페 쓰어다'가 바로 그것이다. 고온, 고압의 에스프레소 머신에서 커피를 추출하지 않고, 베트남 커피 필터 핀Phin으로 천천히 내린다. 그렇게 내린 진하고 모카 향이 풍부한 커피에 연유를 넣어서 마신다. 바닥에 커피 앙금이 남을 정도로 진한 커피를 블랙으로 마시는 사람들도 있지만, 연한 아메리카노에 익숙한 사람이라면 목 넘김이 쉽지 않다.

비록 커피는 프랑스에서 들여왔지만, 베트남 커피 하면 진한 연유 커피가 쉽게 연상될 정도로 짧은 시간 내에 그들만의 커피를 만들어 냈다. 베트남 사람들의 커피에 대한 애정과 자부심은 인정할 만한 것이다.

---

**Tip.** 베트남 커피 주문하는 방법!

베트남 정통 커피는 베트남식 커피 필터 핀Phin으로 내려서 진하고 쓴 맛이 강하다. 여기에 취향에 따라 얼음과 연유를 추가해서 먹으면 된다.

**카페**Cà Phê = **커피** / **덴** Đen = **블랙커피** / **쓰어** Sữa = **연유**
**다** Dà = **얼음** / **농** Nóng = **뜨거운**

- **카페 덴농**Cà Phê Đen Nóng = 뜨거운 블랙커피
- **카페 쓰어다**Cà Phê Sữa Dà = 아이스 연유 커피

---

🥤 베트남 음료

## 느억미아Nước Mía

사탕수수즙으로, 길거리에서 직접 짜서 파는 곳이 많다. 더운 여름 당분을 보충하는 데 최고다.

## 짜Trà

짜는 베트남의 차Tea 뜻한다. 복숭아와 과일을 넣은 과일 차를 많이 마신다. 아이스티는 짜 다Trà Dà라고 한다.

## 쩨Che

베트남식 팥빙수로 콩, 팥, 쌀 등을 넣고 얼음과 연유를 넣어 만든다. 주로 식후에 디저트로 먹는다.

느억미아

짜

쩨

## 베트남 맥주

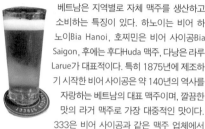

베트남은 지역별로 자체 맥주를 생산하고 소비하는 특징이 있다. 하노이는 비어 하 노이Bia Hanoi, 호찌민은 비어 사이공Bia Saigon, 후에는 후다Huda 맥주, 다낭은 라루 Larue가 대표적이다. 특히 1875년에 제조하 기 시작한 비어 사이공은 약 140년의 역사를 자랑하는 베트남의 대표 맥주이며, 깔끔한 맛의 라거 맥주로 가장 대중적인 맛이다.

333은 비어 사이공과 같은 맥주 업체에서 생산되며 비어 사이공과 함께 베트남 전체 맥주 소비량의 반 이상을 차지하는 인기 맥주이다. 333은 청량감이 좋으 며 비어 사이공보다 가벼운 맛으로 가격도 조금 더 저렴한 편이다. 라루는 20세기 초 베트남의 프랑스령 시기 다낭 지역에서 프랑스인이 만든 프랑스 스타일 맥주로 깔끔한 뒷맛이 특징이며 베트남 중남부 지역에서 맛볼 수 있다. 나트랑에서는 비어 사이공, 333과 함께 라루까지 즐길 수 있다. 베트남의 로컬 맥주를 즐기며, 나트랑의 더위를 피 해 보자!

## 달랏 와인

달랏은 고산 지대로 1년 내내 서늘하고 강수량이 적어 기온과 습 도에 민감한 포도를 재배하기 좋은 환경이다. 프랑스 식민지 시절, 프랑스인들이 쾌적한 기후의 달랏을 휴양 도시로 개발하면서 자 연스럽게 달랏은 베트남을 대표하는 커피와 와인 생산지로 자리 잡았다. 달랏 와인은 프랑스, 칠레 등 세계적인 와인 산지에서 생 산되는 와인과 비교하기에는 무리가 있으나 베트남 현지에서 생 산되어 베트남 음식과 잘 어울리고 가성비가 좋아 데일리 와인으 로 제격이며, 베트남 기념품으로도 추천한다.

**대표 달랏 와인**
방 달랏Vang Dalat(레드 와인)
달랏 베코Dalat Beco(화이트 와인)
다베코Dabeco

# 예쁜 카페 Best 5

베트남의 대표 휴양지답게 나트랑에는 인생 사진을 찍기 좋은 예쁜 카페가 많다.
베트남의 대표 커피인 까페 쓰어다를 마시며 인생 샷도 남겨 보자.

### 정글 커피 Jungle Coffee Nha Trang

이름은 '정글'이지만 정글보다는 오히려 아기자기하고 예쁜 화원 같은 느낌을
준다. 나무색과 초록색으로 되어 있는 테이블, 은은한 조명으로 여유롭고 편안한
분위기를 연출하는 나트랑의 인기 카페.

### 쯩우옌 레전드 Trung Nguyên Legend Coffee

유명한 G7 믹스 커피를 생산하는 베트남 최대 커피 회사에서
운영하는 카페다. 커피는 핀Phin 커피가 유명한데, 커피 필터
인 핀에서 커피가 내려지는 것을 보는 즐거움과 마시는 즐거
움을 동시에 느낄 수 있는 베트남 로컬 카페다.

### 루남 비스트로Runam Bistro

황금색의 커피 필터 핀
Phin은 루남 비스트로
의 시그니처 아이템
이다. 클래식한 인테
리어로 어디서 사진
을 찍어도 화보가 된다.

### 안 카페AN Cafe

관광객보다 현지인들에게 인기 있는 카페로, 자연 친화적인 인테리어 덕분에 앉아만 있
어도 힐링이 되는 느낌이다.

### 콩 카페Cộng cà phê

이미 널리 알려진 콩 카페는 베트남의 80
년대 분위기를 내면서도 트렌디한 인
테리어로 유명하다. 또 대표 메뉴
커피 코코넛 스무디는 많은 사람들
이 열광하는 메뉴다.

눈과 입을 유혹하는

# 베트남 열대 과일

베트남은 말 그대로 열대 과일의 천국이다.
다채로운 생김새와 풍부한 맛을 가진 베트남 열대 과일을 소개한다.

롯데 마트, 덤 시장, 쏨모이 시장에서 어렵지
않게 열대 과일을 구입할 수 있다. 특히 재래
시장에서는 신선한 과일을 저렴하게 살 수
있으니 과일 마니아라면 꼭 방문해 보자!

## 🌺 망고Mango / Xoài [쏘와이]

안 먹어 본 사람은 있어도 한 번만 먹어 본 사람은 없다는 망고는 하나만
먹어도 배가 부를 만큼 풍부한 과육과 달콤한 과즙이 일품이다. 그린 망
고Green Mango와 노란 망고 두 가지가 있으며, 아삭하고 새콤한 맛의
그린 망고는 과육 그대로 먹고, 노란 망고는 주스나 말린 망고로 주로 먹
는다.

### 패션프루트 Passion Fruit / Chanh Dây [짠 여이]

보라색 귤 같은 모양으로 크기는 달걀 정도인데, 반을 자르면 개구리 알 같은 씨와 과육이 들어 있다. 새콤달콤한 맛과 젤리 같은 과육의 식감. 아삭아삭 씹히는 씨의 식감이 특징이다. 특히 베트남에서 많이 볼 수 있는 대표 열대 과일이다.

### 망고스틴 Mangosteen / Măng Cụt [망 꿋]

예쁜 보라색 껍질과 뚜껑 모양의 꼭지가 있으며, 딱딱해 보이는 겉모양과 달리 쉽게 반으로 자를 수 있다. 속은 마늘처럼 6~8쪽으로 나뉘어 있고, 하얀색 마늘 같은 과육 속에는 씨가 들어 있다. 새콤달콤한 맛이 우리 입맛에 맞아서 망고와 함께 가장 인기 있는 열대 과일이다. 껍질이 짙은 보라색, 꼭지가 진한 녹색을 띠는 것이 싱싱하고 당도도 높다.

### 용과 Dragon Fruit
### Thanh Long [탄 롱]

### 람부탄 Rambutan
### Chôm Chôm [쫌 쫌]

### 코코넛 Coconut
### Dừa [즈어]

베트남은 용과 최대 산지이다. 용의 모습과 닮았다고 해서 붙여진 이름처럼 겉모습은 화려하지만 맛은 심심한 편이다. 흰색이나 보라색 과육에 검은색 씨가 붙어 있으며, 맛보다 식감으로 먹는다. 껍질이 딱딱하고 색이 화려한 것이 맛있다.

붉은 껍질에 털실 같은 수염이 나 있다. 말랑말랑한 밤송이 같은 외모로 과육은 새콤달콤한 리치와 비슷하다. 쫄깃한 식감이 특징이다. 당도가 높아 객실에 두면 개미가 많이 꼬이는 과일이다.

딱딱한 껍질 윗부분을 칼로 도려내면, 시원한 과즙이 가득 차 있다. 과즙은 마시고, 안쪽에 붙어 있는 흰색 과육은 숟가락으로 긁어 먹는다. 이 과육은 말려서 먹기도 하고, 코코넛 밀크로 만들기도 한다.

### 잭프루트 Jack Fruit
**Mit** [밋]

겉모양은 두리안과 비슷해 착각하기 쉽지만, 두리안보다 훨씬 크고 껍질의 돌기가 작은 것이 특징이다. 큰 사이즈의 잭프루트는 30kg이 넘는 것도 있다. 쫄깃한 식감과 달콤한 맛으로 현지인들에게는 인기 과일 중 하나다.

### 용안 Longan
**Nhãn** [냔]

겉은 포도와 비슷하지만 딱딱한 갈색 껍질을 까면 희고 투명한 과육 속에 검은색 씨가 들어 있는데 그 모양이 '용의 눈'과 비슷하다고 하여 붙여진 이름이다. 새콤한 맛이 우리에게 익숙한 리치와 비슷하다.

### 스타프루트 Star Fruit
**Khe** [케]

자른 단면이 별 모양이라고 해서 스타프루트라고 불린다. 아삭한 식감이 특징이고, 새콤한 맛이 자두와 비슷하다. 깨끗이 씻어 씨는 빼고 통째로 먹으면 된다.

### 🦊 아보카도 Avocado / Bơ [버]

음식 재료로 많이 쓰이는 아보카도는 채소로 알고 있는 사람이 많지만 실제로는 열대 과일이다. 베트남은 다른 지역보다 아보카도가 많이 생산돼 싱싱한 아보카도가 저렴한 편이다. 잘 익은 아보카도는 고소한 맛이 난다. 반으로 잘라 씨는 버리고, 숟가락으로 떠먹으면 된다.

### 🦊 파파야 Papaya / Đu Đủ [두 두]

덜 익은 그린 파파야는 채소처럼 요리 재료로 쓰이기도 하는데 종종 베트남 요리에서 곁들여 나오기도 한다. 잘 익은 노란색 파파야는 보통 생으로 먹으며 달콤하고 부드러운 식감을 가지고 있다.

## 🌸 커스터드 애플Custard Apple / **Mãng Cầu** [망 꺼우]

부처님의 머리 모양을 닮았다고 해서 석가라고 불리기도 한다. 울퉁불퉁 못생긴 외모와 달리 속의 아이보리색 과육은 부드럽고 달콤하다. 이름처럼 커스터드 크림을 연상케 하는 푸딩 같은 식감이며, 감과 비슷한 단맛이 있다. 베트남에서는 명절이나 특별한 날 먹는다.

## 🌸 두리안Durian / **Sầu Riêng** [써우 리엥]

'열대 과일의 왕'으로 불리는 두리안은 코가 뻥 뚫리는 특유의 향 때문에 '과일계의 홍어'라고 불리기도 한다. 독특한 향은 쉽게 적응하기 힘들어 호불호가 갈린다. 방금 수확한 것은 향이 약하지만 숙성시킬수록 향이 강해진다. 베트남 사람들은 숙성이 많이 된 두리안을 선호한다. 열량이 높아 많이 먹거나 술과 함께 먹는 것은 피하는 것이 좋다.

> **주의사항!**
> 열대 과일은 대체로 열량이 높아 너무 많이 먹으면 배탈이 날 수 있다. 과일을 방 안에 그냥 두면 개미나 벌레가 생길 수 있으니 냉장고나 테라스에 두는 것이 좋다. 또 두리안은 호텔에 들고 가면 그 냄새가 침구와 커튼에 스며들어 벌금을 물게 될 수도 있다.

| 🌸 파인애플Pineapple **Thơm** [텀] | 🌸 수박Watermelon **Dưa Hấu** [즈 허우] | 🌸 바나나Banana **Chuối** [쭈오이] |
|---|---|---|

베트남 파인애플은 사이즈가 어른 주먹 정도로 작은 편이나 당도는 상당히 높다. 주스나 생으로 먹지만 베트남에서는 말린 파인애플도 많이 먹는다.

한국의 수박에 비해 사이즈는 작지만 당도가 상당히 높고 짧은 시간에 빨리 익어서 과육의 식감이 다소 푸석푸석한 경우도 있다.

바나나는 생으로 먹기도 하지만 많이 익은 것들은 주로 튀기거나 말려서 먹는다.

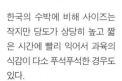

# 나트랑 Best Bar

나트랑의 야경을 한 눈에 보고 싶다면 루프톱 바로 가 보자,
바다와 더 가까운 비치 클럽에서 나트랑의 뜨거운 밤을 즐겨 보자.

바와 클럽은 오후 10시가 피크 타임으로, 자
정이 넘으면 한가해진다. 치안은 안전한 편
이지만, 너무 늦은 밤이나 새벽에 혼자 다니
는 것은 안전을 위해 가급적 피하도록 하자.

### 세일링 클럽 Sailing Club Nha Trang

한국과 비슷한 밤 문화를 즐기고 싶은 분들에게 추천
하는 곳이다. 낮에는 식사를 할 수 있는 레스토랑이
지만 해가 지고 밤이 되면 화려한 조명을 켜고 분위기
있는 바로 변신한다. 모래사장 위에서 파도 소리를 들
으며 분위기 있는 시간을 보내고 싶다면 세일링 클럽
을 추천한다.

### 스타 나이트 바Star Night Bar

나트랑 시내 레갈리아 골드 호텔의 40층에 위치한 루프
톱 바이다. 루프톱 수영장 바로 옆에 마련된 풀 바pool
bar로 고층에서 바라보는 나트랑 해변과 시내의 모습이
환상적이다.

### 루이지애나Louisiane

수제 맥주를 즐길 수 있는 명실상부한 나트랑의 핫 플레이스다.
특히 유럽과 러시아 사람들에게 인기가 많은 곳으로 수영장이 있
어서 수영을 하면서 수제 맥주를 즐길 수 있다.

## 알티튜드 루프톱 바Altitude Rooftop Bar

5성급 호텔 쉐라톤 28층에 위치한 알티듀드 루프톱 바는 조용한 분위기 속에서 화려한 야경을 즐길 수 있는 곳이다. 나트랑의 해변이 보이는 야외 테라스는 인기 만점! 오후 5~7시는 해피 아워로 음료 1+1행사도 진행한다.

## 스카이라이트Skylight

스릴 있는 색다른 나이트 라이프를 원한다면, 스카이라이트로 가자. 나트랑에서 가장 높은 45층 바에서 흥겨운 음악에 몸을 맡겨도 좋고, 탁 트인 곳에서 나트랑의 반짝이는 야경과 바다를 보며 칵테일을 기울이면 더할 나위 없이 좋다.

안 사면 후회하는

# 나트랑 쇼핑 리스트

나트랑에 올 때는 가방을 비워 오자.
가성비 좋은 아이템들이 많아 가방의 공간이 부족할지도 모른다.
가방이 무거워질수록 쇼핑의 만족도는 올라간다.

## 비폰 쌀국수
### Vifon Rice Noodle

베트남 라면 회사인 비폰사의 쌀국수로 담백하고 진한 맛이 일품이다. 보라색 패키지를 선택하면 무난하다.

## 하오하오 라면
### Hao Hao Ramen

하오하오는 베트남의 대표 쌀국수 라면이다. 색깔만큼이나 다양한 맛의 독특한 쌀국수 라면이다.

## 노니 차
### Noni Tea

'노니'는 면역 체계에 도움을 준다고 하여 한국인들에게 인기가 많다. 선물용으로도 적당해 많이 찾는다.

51

## 코코넛 커피
### Coconut Coffee

코코넛 파우더가 첨가된 믹스 커피는 구수하고 달콤한 맛으로 인기다. 한국에서도 콩 카페의 맛을 느끼고 싶다면 구매하자.

## 콘삭 커피
### Con Sóc Coffee

다람쥐 커피로 알려진 콘삭은 베트남의 특산품이다. 함량에 따라 가격 차이가 많이 나기 때문에 함량을 꼭 확인하고 구입하는 것이 좋다.

## 핀
### Phin

베트남 커피 필터인 핀Phin은 종이 필터가 따로 필요 없어 사용하기 편리하다. 이색적이면서도 저렴해 선물용으로 좋다.

## G7 커피 & 원두커피

베트남의 국민 커피 쯩우옌사의 G7 커피는 진한 맛의 커피 믹스로, 가격도 저렴해 가장 인기 있는 쇼핑 품목 중 하나이다. '3 in 1'은 커피, 설탕, 연유가 들어 있고, '2 in 1'은 커피와 설탕이 들어 있다. 원두커피도 한국의 1/4 수준으로 저렴하다. 베트남 원두커피는 진하고 모카 향이 나는 것이 특징이다.

---

**Tip.** 쇼핑, 이것만은 주의하자!

2019년 6월 1일부터 아프리카 돼지 열병, 구제역, 고병원성 조류 인플루엔자 등 해외 가축 전염병의 국내 유입 방지를 위해 해외여행 후 입국 시 생고기 및 고기가 포함된 육가공품(햄, 피자, 만두, 소시지, 육포, 라면, 반려동물의 사료 및 간식 등)을 신고하지 않고 반입할 경우 최대 천만 원의 과태료가 부과된다. 그 외에도 우유, 치즈, 버터 등의 유제품과 생과일, 흙이 묻어 있는 열매나 채소는 반입 금지 품목이다. 고기가 들어간 제품이나 생과일, 채소, 유제품 등은 한국으로 가져오지 말고 현지에서 소비하는 것이 가장 좋은 방법이다. 말린 과일이나 쥐포 등의 건어물은 국내로 가져올 수 있지만 1인당 3kg 미만으로 제한된다.

## 열대 과일과 말린 과일Dried Fruit

마트나 길거리에서 열대 과일을 먹기 좋게 손질해 판매한다. 단, 생
과일은 한국으로 가져올 수 없으니 현지에서만 즐기도록 하자.
말린 열대 과일은 100g에 약 2천 원 정도로 휴대가 간편하고, 맛
도 좋아 선물하기에 좋다.

### 쥐포Dried Filefish Fillet & 새우 과자Shrimp Chips

한국으로 수입되는 쥐포와 새우는 대부분 베트남산이다.
현지에서는 가격이 저렴할 뿐만 아니라 맛도 있다. 간식과 안주로 그만이다.

### 라탄 백Rattan Bag

나트랑에서는 다양한 디자인의 라탄 백을 저렴하게 구입할 수 있
다. 롯데 마트와 빈컴 플라자에서 쉽게 구입할 수 있다.

### 달리 치약Darlie & 센소다인 치약Sensodyne

미백 치약으로 유명한 달리 치약과 시린 이에 도움을 주는 센소다
인 치약을 한국보다 60% 이상 저렴하게 살 수 있다.

신 짜 오

# XIN CHAO

나 트 랑

# How To Go
## 나 트 랑

5시간 비행이면 만날 수 있는 아시아의 나폴리, 나트랑. 여권을 만들고 짐을 챙기는 준비 단계부터 현지에서 필요한 정보까지 모든 과정을 안내한다. 나트랑 여행 시 필요한 교통법과 알아 두면 여행에 도움이 되는 팁들도 꼼꼼히 담았다.

# 여행 전
# 체크리스트

## 여권 만들기

여행을 계획했다면 여권을 먼저 만들어야 한다. 여권은 출국할 때 이외에도 해외에서 신분증의 역할을 하는 중요한 서류다. 여권에 사용할 영문 이름은 한 번 신청하면 변경하기가 힘들기 때문에 신중하게 결정해

야 한다. 여권은 1년 이내 1회만 사용할 수 있는 단수 여권과 유효 기간이 5년, 10년인 복수 여권이 있는데 단수 여권으로는 입국이 제한되는 국가도 있으니 발급 전 반드시 확인하고 신청해야 한다.

서울은 각 구청에서, 지방은 시, 군청 등에서 신청할 수 있으며 발급 기간은 기관마다 다소 차이가 있으나 보통 공휴일을 제외하고 3일에서 7일 정도 소요된다. 여름 휴가철이나 연휴 전후로는 기간이 더 소요될 수 있으니 여유를 두고 미리 신청하는 것이 좋다.

- 필요 서류 여권 발급 신청서 1부, 여권용 사진 1매(6개월 이내에 촬영한 사진. 단, 전자 여권이 아닌 경우 2매), 신분증, 발급 수수료
- 외교부 홈페이지 passport.go.kr
- 민원 상담 02-733-2114

### Tip. 아이 여권 만들기

만 18세 미만 아동의 여권을 신청할 경우 법정 대리인인 부모가 여권 발급 신청서와 여권용 사진 1매, 대리인 신분증, 법정 대리인 동의서, 가족 관계 증명서를 지참해서 여권 발급 기간에 방문하면 된다. 여권 발급 신청서와 법정 대리인 동의서는 외교부 홈페이지 여권 안내에서 출력할 수 있고 각 접수처에도 구비돼 있다. 18세 미만 아동의 경우 5년 복수 여권만 신청 가능하며, 여권의 면수에 따라 24면과 48면 두 가지 중에서 선택하여 신청이 가능하다.

#### • 아이 여권 사진 찍는 꿀팁

아이의 여권용 사진을 찍는 일은 여간 번거로운 일이 아니다. 아이들은 움직임이 많고 사진관의 낯선 분위기에 우는 경우도 많아 규정에 맞는 사진을 찍는 데 시간이 오래 걸린다. 그렇기 때문에 집처럼 편안한 공간에서 아이의 사진을 찍으면 오히려 만족스러운 사진을 얻을 수 있다. 이렇게 찍은 사진은 인터넷 인화 업체를 통해 인화하면 된다. 하지만 여권 사진의 규정이 까다로우니 집에서 찍을 때는 다음의 사항을 반드시 참고하자.

- **아이 여권용 사진 규정**

  – 사진 크기는 가로 3.5cm, 세로 4.5cm이며, 영유아의 경우 머리 길이(정수리부터 턱까지)
  가 3.2~3.6cm이어야 한다.
  – 여권 발급 신청일 전 6개월 이내 촬영된 사진이어야 한다.
  – 일반 종이에 인쇄된 사진은 사용할 수 없으며, 인화지에 인화된 사진으로 표면이 균일하
  고 잉크 자국이나 구겨짐 없이 선명해야 한다.
  – 포토샵 등으로 수정한 사진은 사용할 수 없다.
  – 배경은 균일한 흰색이어야 하고, 테두리가 없어야 한다.
  – 인물과 배경에 그림자나 빛 반사가 없어야 한다.
  – 얼굴과 어깨는 정면을 향해야 한다.(측면 응시 사용 불가)
  – 입은 다물어야 하며 웃거나 찡그리지 않은 무표정이어야 한다.
  – 입을 다물고 촬영하기 힘든 신생아의 경우, 치아가 조금 보이는 것은 가능하다.
  – 얼굴을 머리카락이나 모자 등으로 가리면 안 된다. 얼굴 전체가 다 나와야 한다.
  – 눈은 정면을 보아야 하며 머리카락, 안경테 등으로 눈을 가리면 안 된다. 눈동자 및 안경 렌
  즈에 빛이 반사되지 않아야 하며 적목 현상이 있는 사진도 사용할 수 없다.
  – 연한색 의상을 착용한 경우 배경과 구분되면 사용 가능하다.
  – 목을 덮는 티셔츠, 스카프 등은 얼굴 윤곽을 가리지 않으면 착용 가능하다.
  – 귀걸이 등의 장신구를 착용하는 경우 빛이 반사되거나 얼굴 윤곽을 가리지 않아야 한다.
  – 영유아의 경우 배경에 장난감이나 보호자가 노출되지 않도록 주의해야 한다.

3.2cm
~
3.6cm

〈여권 사진 견본〉

〈사물 노출〉        〈정면 미응시〉        〈입 벌림〉

[사진 출처 : 외교부 여권안내 홈페이지]

## 비자 신청

한국 국적의 여행객들은 15일간
무비자로 입국 가능하다. 단, 15
일 내 귀국 항공권을 소지하거
나 제3국행 항공권이 있어야 한
다. 베트남 재입국 30일 경과 규
정은 2020년 7월부로 폐지되었

다. 따라서 무비자 15일 입국 후 출국해도 언제든 다시 무비자 입국이 가능하
다. 비자가 필요한 방문의 경우에는 온라인 비자e-visa서비스를 이용한다. 온
라인 비자는 30일 단수 비자로 관광이나 사업, 투자, 노동, 유학 등의 목적을
가진 방문객에 한하여 신청 가능하며, 비자 발급까지 약 3일 소요된다.

- 베트남 e-Visa 신청 웹사이트 evisa.xuatnhapcanh.gov.vn
- 주 베트남 대한민국 대사관 overseas.mofa.go.kr/vn-ko/index.do

### e-Visa 신청 필수 항목

- Full name: 영문으로 이름과 성을 기재 (예: GILDONG HONG))
- Sex: 남자(Male), 여자(Female) 둘 중에 해당하는 항목 선택
- Date of birth: 클릭 후 창이 열리면 태어난 년, 월, 일 선택
- Current nationality: 국적 선택 (한국 KOREA SOUTH)
- Religion: 종교가 있는 경우 기재. 없으면 No 또는 Nothing으로 기재
  Christianity(기독교), Chtholic(천주교), Buddhism(불교), Hinduism(힌두
  교), Slam(이슬람교)
- Email: 베트남 이민국의 소식을 받을 이메일 주소 기재
- Re-enter email: 전자 비자를 받을 이메일 주소 기재
- Passport number: 여권 번호 전체 입력
- Type: 여권 종류 선택 Diplomatic passport(외교 여권), Official
  passport,(공무 여권), Ordinary passport(일반 여권)
- Expiry date: 여권 만료일 입력
- Intended date of entry: 베트남 입국 예정일 입력
- Intended length of stay in VietNam: 베트남 체류 기간 입력
- Purpose of entry: 방문 목적 선택
- Intended temporary residential address in VietNam: 체류지 주소(체류
  하는 곳이 여러 곳이라면 첫 번째 숙소 주소 기재)
- City/Province: 방문 도시 선택
- Grant Evisa valid from: 비자 적용 날짜 입력(베트남 입국하는 날짜 기재)
- To: 비자 만료일(베트남 체류 기간 입력 시 자동으로 30일 적용됨)
- Allowed to entry through checkpoint: 입국 공항 및 항만 선택(틀리게 표
  기하면 현지에서 비자 사용이 어려우니 주의하자)
- Exit through checkpoint: 출국 공항 및 항만 선택

## 항공권 예약

Vietnam Airline

출발일이 같은 항공권이라도 유효 기간이 짧을수록, 조건이 까다로울수록 저렴하다. 또 동남아시아 항공권은 보통 예약 가능일 6개월 전에 항공사에서 스케줄과 요금을 내놓는 경우가 많아, 출발 6개월 전에 준비하면 가장 저렴한 항공권을 구매할 확률이 높다. 우선 스카이스캐너 같은 항공권 비교 사이트를 통해 요금을 조회한 후, 결제 조건과 환불 규정 등을 확인하고 구입하면 되는데, 저비용 항공사의 경우 수하물 요금이 포함되지 않은 경우도 있으니 반드시 규정을 확인해야 한다. 얼리버드Early Bird, 취항 특가 등 각 항공사 홈페이지를 통해서만 나오는 요금과 3박 5일, 3박 4일 등 여행사 그룹 티켓이 더 저렴할 수 있다. 항공권은 예약 사이트나 앱으로 쉽게 예약 및 결제할 수 있으나, 발권 후 취소 및 변경 시 수수료가 발생하니 반드시 결제 전에 출입국 날짜와, 영문 이름 등 기본 정보를 확인하자. 베트남 입국 시 귀국 항공권을 출력해서 가져가는 것도 잊지 말자.

- 대한항공 kr.koreanair.com
- 제주항공 jejuair.net
- 에어서울 flyairseoul.com
- 티웨이항공 twayair.com
- 베트남항공 vietnamairlines.com
- 비엣젯항공 vietjetair.com
- 스카이스캐너 skyscanner.co.kr (항공권 가격 비교)
- 하나투어 hanatour.com (할인 항공권 및 그룹 항공권)
- 모두투어 modetour.com (할인 항공권 및 그룹 항공권)
- 인터파크투어 tour.interpark.com (할인 항공권)
- 땡처리닷컴 072.com

### Tip. 저비용 항공사(LCC) vs 대형 항공사(FSC)

저비용 항공사는 LCC(Low Cost Carrier)라고도 하며, 이름 그대로 항공권이 저렴한 대신에 예약한 좌석 이외에 기내식, 위탁 수하물, 사전 좌석 지정 등의 서비스가 유료이거나 제한적으로 제공된다. 특히 제공되는 기내식은 콜드밀Cold Meal이거  나 데워서 제공하는 완제품식이다. 대형 항공사인 FSC(Full Service Carrier)는 기내식, 위탁 수하물이 기본적으로 제공되며 사전 좌석 지정 서비스, 아동식, 유아용 요람(베시넷 서비스) 등의 서비스가 무료로 제공된다. 국적기 중에는 대한항공과 아시아나항공이 대형 항공사에 해당한다. 최근 저비용 항공사들이 저렴한 요금으로 항공권을 판매하는 경우가 많으나, 수하물 추가 요금 등 서비스를 비교하여 구입하는 것이 좋다.

| 항공사 부가 서비스 | |
|---|---|
| 사전 좌석 지정 서비스 | 가족끼리 함께 앉고 싶다면 미리 사전 좌석 지정 서비스를 신청하는 것이 좋다. 대한항공, 아시아나 등의 대형 항공사는 출발 48시간 전에 좌석을 지정할 수 있다. 저비용 항공사는 사전 좌석 지정은 유료지만, 24시간 전에 웹 체크인을 통해 무료로 좌석 선택이을 할 수 있다. |
| 프리미엄 좌석 구매 | 비행기의 맨 앞 좌석이나 좌석 간격이 넓은 좌석을 사전에 추가 요금을 지불하고 구입할 수 있다. 인천과 나트랑 편도간 약 3~5만원의 추가 요금이 발생한다. |
| 옆 좌석 구매 | 티켓 발권 시 여유 좌석이 있다면, 쾌적한 비행을 위해 옆 좌석을 추가 요금을 지불하고 구매할 수 있는 서비스다. |
| 기내식 사전 주문 | 무료로 기내식이 제공되는 대형 항공사를 제외하고 기내식이 유료이기 때문에 저비용 항공사의 경우 사전에 기내식을 주문할 수 있다. |
| 키즈밀 | 만 12세 미만 아동의 경우 어린이용 기내식 메뉴를 선택 및 신청할 수 있다. |
| 베시넷 서비스 | 보통 24개월 미만 유아에게 제공되는 아기 바구니다. 키 85cm 미만, 몸무게 10kg 미만의 유아에게 제공된다. |
| 수하물 사전 구매 | 항공권에 위탁 수하물이 포함되어 있지 않다면, 사전에 따로 구입할 수 있다. |
| 기내 면세품 사전 예약 | 기내에서 판매되는 면세품을 사전에 예약 및 구입할 수 있다. 사전 예약 시 할인이나 혜택이 있다. |

## 호텔 예약하기

호텔 선택은 일정과 인원, 여행 스타일 등을 고려하여 선택해야 한다. 가족 여행지로 많이 선택하는 나트랑은 동반 가능한 아동의 나이나 수를 제한하는 호텔이 많으니 미리 꼭 체크하자. 그리고 호텔 예약 사이트에서 예약하는 경우 금액에 조식 및 세금이 불포함되어 있는 경우가 많으니 반드시 최종 요금을 확인해야 한다. 더불어 환불 불가 상품은 가격이 저렴하지만 여행 일정이 변경될 경우 손해가 발생할 수 있으니 신중하게 결제해야 한다. 베트남 및 나트랑 전문 여행사의 프로모션 등도 꼼꼼하게 살펴 보고 예약하자.

- 호텔스컴바인 hotelscombined.co.kr
- 호텔스닷컴 hotels.com
- 익스피디아 expedia.co.kr
- 아고다 agoda.co.kr
- 호텔패스 hotelpass.com
- 몽키트래블 vn.monkeytravel.com(베트남 전문 여행사)

## 일정 짜기

일정은 여행을 가는 사람의 취향, 예산, 비행 스케줄 등을 종합적으로 고려해서 짜야 한다. 나트랑의 택시는 현지 물가에 비해 비싼 편이어서 시내에 있을 경우 가까운 거리는 걸어서 다닐 수 있도록 동선을 짜는 것이 좋다. 유명 관광지와 시티 투어, 시내에서 떨어져 있는 롯

데 마트와 고 나트랑 같은 장소를 방문하는 일정은 호텔을 옮길 때나 오전 비행기로 도착하는 첫날 혹은 저녁 비행기로 떠나는 마지막 날 반나절 정도 차량을 대여하여 한 번에 둘러보는 것을 추천한다. 추천 코스(p.78)를 참고하여 자신의 여행 스타일에 맞게 일정을 계획하자.

## 여행자 보험 신청하기

여행자 보험은 즐겁고 안전한 여행을 위한 필수 조건이다. 여행자 보험은 보험 회사들의 홈페이지나 앱으로 쉽게 신청할 수 있다. 인터넷 신청이 번거로우면 출국 시 국내 공항에서 직접 신청할 수도 있으나 가격이 비싼 편이다. 여행자 보험은 해외 여행 중 질병, 상해, 휴대품 손해 등의 보장 내용이 중요하므로 이 부분을 꼭 확인하고 가입하는 것이 좋다. 또, 여행자 보험은 출발 이후에는 가입할 수 없으니 반드시 출국 전에 신청해야 한다. 은행에서 일정 금액 이상 환전하거나 특정 신용 카드를 사용하는 회원에게 무료로 가입해 주는 여행자 보험도 있다.

## 환전하기

베트남은 화폐 단위로 동 VND을 사용한다. 환전하는 여러 방법이 있지만, 원화를 달러로 환전 후, 현지에서 동으로 환전하는 것이 가장 좋다. 환전은 공항 내 공식 환전소나 호텔, 마트 내 환전소를 이용하면 된다. 길거리 금은방이나 주얼리 숍에서도 환전이 가능하나 공식적인 환전소는 아니다. 동은 '0'이 많아서 한꺼번에 많은 돈을 환전하면 돈 관리가 힘들다. 보통 1인 1일 예산을 $50 정도로 잡고, 이를 기준으로 전체 여비의 50% 정도만 먼저 환전하고 나머지는 필요할 때마다 환전하는 것이 좋다.

### 예산짜기 팁

예산을 짤 때에는 가장 많은 비중을 차지하는 항공권과 호텔 비용을 제외하고, 현지에서 사용할 경비를 예상하여 계산하는 것이 요령이다. 1인 기준 예상 식비는 4~5만 동(1식)선이 알맞으며, 동선에 따라 교통비는 달라질 수 있다. 약간의 비상금도 예산에 포함시키자. 여비 이외에도 호텔 체크인 시 보증금 개념으로 신용카드가 필요하다. 여행 전 본인의 신용카드가 해외에서 사용 가능한(VISA, Master, Unionpay 등) 카드인지 꼭 확인하자.

## 짐 싸기

물놀이를 많이 하는 휴양지로 떠날 때는 젖은 옷을 넣을 수 있는 지퍼백을 챙겨가면 쓸모가 많다. 또 더운 나라로 여행갈 때는 옷을 여러 벌 챙기기보다는 구김이 안 가고 잘 마르는 옷으로 몇 벌 가져가는 것이 좋다. 충전기도 꼭 챙기고 멀티 어댑터도 있으면 편리하다. 3일 이내의 짧은 여행이나 혼자 가는 여행이라면 21인치 이하의 기내용 캐리어로도 충분하다. 단, 기내용 캐리어의 경우 기내 반입 품목에 대한 규정이 있으니 주의하자. 일주일 정도의 여행이거나 3인 이상의 가족 여행이라면 24~28인치 캐리어가 적당하다. 캐리어는 확장이 가능하고 지퍼가 튼튼한 것을 고르자. 위탁 수하물을 보낼 수 있는 경우에는 기내에 들고 갈 짐과 수하물로 부칠 짐을 나눠서 싸는 것이 좋다. 최근 항공사별 무료 수하물 규정이 까다로워지면서 공항에서 비싼 추가 요금을 낼 수도 있으니 미리 항공사별 규정을 잘 확인하자.

## Tip. 기내 수하물 vs 위탁 수하물

### • 기내 수하물

기내에 가지고 탈 수 있는 수하물을 말하며, 3면의 총합이 115cm(가로 40cm, 세로 55cm, 높이 20cm) 이하의 휴대품 1개까지 무료이다. 무료 기내 수하물 이외에 노트북 컴퓨터, 서류 가방, 핸드백 중 1개를 추가로 들고 탈 수 있으나 무게의 총합이 기내 수하물 허용 무게를 넘으면 안 된다.(유모차와 휠체어는 무료) 액체류는 기내에 개당 100㎖ 이하, 총 1L까지 들고 탈 수 있으며 반드시 투명지퍼백에 담아서 넣어야 한다. 배터리류는 기내에 들고 타야 한다. 항공사마다 기내 수하물 허용 무게가 다르니 이용하는 항공사 수하물 규정을 꼼꼼히 확인하자.

### • 위탁 수하물

항공사 탑승 수속 시 짐으로 부치는 수하물을 말하며, 수하물의 크기, 갯수, 무게는 항공사별로 규정이 다르다. 골프용품, 서핑 보드 등의 스포츠용품은 위탁 수하물의 제공 범위 안에서 1인당 1개까지 부칠 수 있으나 추가 요금이 있으니 항공사로 사전에 문의하는 것이 좋다.

| 기내 반입 가능한 품목 | 기내, 위탁 수하물 모두 금지 물품 |
|---|---|
| • 액체류는 개별 용기당 100㎖ 이하로 1인당 총 1L 용량의 비닐 지퍼백 1개<br>• 여행 중 필요한 개인용 의약품 (비행에 필요한 용량에 한함)<br>• 항공사의 승인을 받은 의료 용품<br>• 보조 배터리(단, 용량 160Wh 이내) | • 폭발물류(화학류, 폭죽 포함)<br>• 방사선·전염성·독성 물질(염소, 표백제, 수은, 독극물 등)<br>• 인화성 물질(성냥, 라이터, 부탄가스, 휘발유, 페인트 등)<br>• 기타 위험물질(소화기, 드라이아이스 등) |
| **기내로만 가져가야 하는 물품** | **위탁 수하물로만 부칠 수 있는 물품** |
| • 파손 또는 손상되기 쉬운 물품<br>• 전자 제품(노트북, 카메라, 핸드폰 등)<br>• 화폐, 보석, 주요한 견본 등 귀중품<br>• 고가품(1인당 USD 2,500을 초과하는 물품)<br>• 전자담배, 보조 배터리 및 핸드폰 리튬 배터리 | • 창, 도검류(과도, 커터칼, 면도칼 등)<br>• 총기류(장난감 총을 포함한 모든 총기)<br>• 스포츠용품류(야구 배트, 하키 스틱, 당구채, 골프채 등)<br>• 무술·호신용품(공격용 격투무기, 수갑 등)<br>• 공구류(망치, 못, 드릴 등) |

# 알고 가면 유용한
# 나트랑 정보

## 유심 VS 포켓 와이파이 VS 통신사 데이터 로밍

해외에서 인터넷 사용은 필수다. 유심, 포켓 와이파이, 통신사 데이터 로밍 중
나에게 맞는 인터넷 이용 방법을 알아보자!

### 유심(USIM)

베트남 현지 통신사 유심을 구입하는 방법
으로, 보통 4G 기준으로 일주일 사용료가
$7~8 정도로 저렴하다. 유심을 장착하면
한국 핸드폰 번호가 없어지고, 현지 번호
로 바뀐다. 혹시 기존에 있던 유심을 분실
할 경우, 핸드폰에 있던 정보를 분실할 수

있으니 잃어버리지 않도록 주의하자. 한국에서 구입해 가져가거나 나트랑 공
항이나 빈컴 플라자 쇼핑몰, 나트랑 시내 핸드폰 숍에서 쉽게 구입할 수 있다.

- 장점 저렴하고 별도로 신청할 필요가 없다
- 단점 한국에서 쓰던 번호 대신 현지 번호가 생겨서 한국에서 오는 전화 착신
  이 불가능하다.
- 추천 타입 커플 여행자나 장기 여행자에게 적합하다.

### 포켓 와이파이

출발 전 포켓 와이파이 업체에 대여 신청을 한 후, 공항에서 수령한다. 요금은
보통 1일에 6,500원 정도다. 1대를 대여하면 5명까지 연결해서 쓸 수 있다.
기기는 한국에 도착해 공항에서 반납한다.

- 장점 한국에서 쓰던 번호를 그대로 쓸 수 있고 5명이 동시에 쓸 수 있다.
- 단점 출발 전 미리 신청해야하며, 직접 수령 및 반납 해야 한다. 기기 충전이
  필요하다.
- 추천 타입 가족 여행이나 단체 여행에 적합하다.

### 통신사 데이터 로밍

사용하는 통신사에 데이터 로밍을 신청하기만 하면 된다. 통신사마다 요금 정
책이 다르지만, 보통 1일에 1만 원 정도이다. 최근 5일, 7일 패키지 요금도 나
와서 여행 기간에 맞는 요금제를 선택하면 더 저렴하게 이용할 수 있다.

- 장점 기기를 대여하거나 유심을 구입할 필요 없이 한국에서 쓰던 번호와 핸
  드폰 그대로 사용할 수 있다.
- 단점 다른 방법에 비해 요금이 비싼 편이다.
- 추천 타입 한국에서 온 전화를 받아야 하는 여행객이나 유심 사용이 번거로
  운 여행자에게 적합하다.

## 할인 쿠폰 활용하기

나트랑 현지 여행사에서 식당, 마사지,
바 등의 할인 쿠폰을 만들어서 배포한
다. 제휴 업체에 배치되어 있거나 출발
전 해당 업체 홈페이지에서 확인할 수
있다. 평균 최대 할인율이 10~20%로
사용에 제한이 있으니 사용하기 전 해당
업체에 확인한다.

## 호텔에 메일 보내기

호텔에 사전에 아기 침대 사용 가능 여부나 액티비티 프로그램의 정보 등을 요
청할 수 있고 필요한 경우 디너나 호텔 내 스파까지 예약할 수 있다. 아래 예시
를 활용하면 어렵지 않게 호텔에 요청 사항을 전달할 수 있다.

### 호텔 요청 메일 예시

Dear Reservation Manager,
Hello! This is ___이름___.
I will stay in ___호텔명___ Hotel from ___체크인 날짜___ to ___체크아웃 날짜___.
(호텔 확약번호가 있으면 적는다)
I'm interested in ___서비스 종류___.

May I have the information about timetable(schedule) of Shuttle?
셔틀 시간표를 보내 주시겠어요?
I would like to make a reservation on a spa service as below.
스파 예약을 하고 싶어요(원하는 스파 날짜와 시간을 입력한다)
I would like to book 60min Spa treatment at 14:00, Jun 20th, 2022 for 2
people.
2022년 6월 20일 오후 2시에 60분 스파 2인을 예약하고 싶어요.
Woud you please arrange 1ea Baby cot during my stay?
아기 침대를 준비해 주시겠어요?
May I get the activity programs information?
액티비티 프로그램 정보를 보내 주시겠어요?

Looking forward to hearing from you soon.
빠른 회신 부탁드립니다.
Thank you.
감사합니다.

Best regards.
___이름___.

## 여권 분실 시 대처법

여권은 외국에서 나를 증명할 수 있는 유일한 신분증이다. 그렇기 때문에 여권을 분실하면 항공기 탑승, 호텔 체크인 등에 어려움을 겪으며, 출국 허가를 받는 동안에도 상당히 고단한 과정이 발생하기 때문에 가급적이면 호텔 금고에 보관하고, 꼭 가지고 나가야 하는 경우에는 잃어버리지 않도록 주의하자. 특히 나트랑에서 여권을 분실하면 하노이 소재 대사관 또는 호찌민 소재 총영사관을 방문해서 여권 등을 재발급받아야 하는데, 나트랑에서 하노이 또는 호찌민으로 가는 국내선 항공편을 이용하는 경우에도 추가로 나트랑 출입국 사무소에서 허가를 받아야 한다. 이 절차 또한 근무일 기준 2~3일이 소요된다. 여권 재발급 또는 여행 증명서 발급 후 별도 출국 허가 및 사증 재발급 완료까지는 근무일 기준 약 5일이 소요된다. 부득이하게 여권을 분실하거나 도난당했을 경우에는 아래 과정을 따라 재발급받도록 하자.

### 나트랑에서 여권 분실 시 재발급 절차

❶ 여권 분실 지역 관할 공안(경찰서)에서 여권 분실 확인서(POLICE REPORT)를 작성한다. 분실 신고서는 분실 일시, 분실 경위, 영문 성명 및 여권 번호를 포함한 인적사항 등을 베트남어로 작성해야 하기 때문에 베트남어 통역인과 함께 가는 것이 좋다. 신고서를 접수하고 공안의 신고 확인을 받는다. 분실 신고는 반드시 분실 지역 관할 공안(경찰서) 지구대에만 접수할 수 있다.
〈베트남 관할 경찰서〉 024-1080 (베트남어 안내)

❷ 주 베트남 대한민국 대사관 영사부(하노이)이나 주 호찌민 대한민국 총영사관에서 여행 증명서 또는 일반 여권을 발급받는다. 여권 또는 여행 증명서발급 신청은 본인만 신청 가능하다.(대리인 신청 불가)

**필요 서류 |** 분실 신고증(베트남 경찰서 발행), 여권 재발급 신청서, 긴급 여권 신청 사유서(총영사관, 대사관 비치), 여권용 사진 2매, 주민 등록증, 운전면허증, 여권 사본 등 신분증

**수수료 |** 여행 증명서 $7, 여권 $53(만 8세 이상~만 18세 미만 $45, 8세 미만 $33)

**소요 기간 |** 약 1일(여행 증명서), 여권 약 10~15일 (한국 공휴일이 있는 달에는 최대 4~5주까지 소요됨)
〈영사 콜센터〉
+82-2-3210-0404(서울, 24시간)

❸ 베트남 출입국 사무소Department of Immigration에서 출국 허가 및 비자 재
발급받는다.

**필요 서류 |** 여행 증명서(또는 여권), 출국 비자 발급 요청 공문(총영사관, 대사
관에서 발급), 비자 신청서(Form N 14), 분실 신고서(베트남 경찰서
발행), 항공권,

**수수료 |** $10(출국 예정일에 따라 달라질 수 있음)

**소요 기간 |** 약 1주일

〈하노이 베트남 출입국 사무소〉

**주소 |** 44 TRAN PHU, BA DINH, HANOI

〈호찌민 베트남 출입국 사무소〉

**주소 |** 333-335-337 Nguyen Trai, P.Nguyen Cu Trinh, Q.1,TP.
Ho Chi Minh

**전화 |** 028-3920-1701

**홈페이지 |** xuatnhapcanh.gov.vn

## 현지 긴급 연락처

### 주 베트남 대한민국 대사관(하노이)

〈영사부〉024) 3771-0404 내선번호 704 또는 711

**업무 시간 이후 |** +84-90-402-6126

**베트남어 |** 84-90-320-6566

**주소 |** SQ4 Diplomatic Complex, Do Nhuan St, Xuan Tao, Bac Tu
Liem, Hanoi, Vietnam

### 주 호찌민 대한민국 총영사관(호찌민)

〈여권과〉28-3824-2593 (직통 전화) 내선 138

**24시간 |** 093-850-0238

**주소 |** 107 Nguyen Du, Dist 1, HCMC

## 병원

〈빈멕VinMec 종합 병원〉

**전화 |** 0258-3900-168(24시간 응급실 운영, 영어 가능)

〈VK 병원〉

**전화 |** 0258-3528- 866(24시간 응급실 운영, 영어 가능)

# 아이와 여행 가기 전
# 준비하기

아이와 함께 하는 여행은 계획부터 준비까지 2배 이상의 시간과 노력이 필요하다. 하지만 꼼꼼하게 준비한다면 더 안전하고 즐거운 여행이 될 수 있다.

### 여권은 철저히 보관하자!

출발 당일 공항에서 아이가 여권에 그림을 그려 출발을 하지 못하는 경우가 있다. 여권에 그림을 그리거나 스티커를 붙이면 여권 훼손에 해당해 출국이 불가능하다. 여권을 아이들 손이 닿지 않는 곳에 보관하고, 출발 전에 반드시 여권의 마지막 페이지까지 훼손 흔적이 없는지 확인하자.

### 즐거운 비행을 위하여 준비하자!

아이와 함께 여행할 때 가장 힘든 시간이 바로 비행 시간이다. 아이의 편안한 비행이 가족의 여행 컨디션과 직결되기 때문에, 비행 시간 동안 아이가 심심하지 않도록 책이나 장난감 등을 챙겨서 탑승하자. 아이들은 기압 차로 귀가 아플 수 있으니 초콜릿이나 사탕을 챙기면 좋다.

### 긴팔 옷을 준비하자!

연중 여름인 나트랑도 12~2월 겨울 시즌에는 아침저녁으로 서늘하고 비가 오면 기온도 더 내려간다. 또 한 여름이라도 쇼핑몰 내에는 에어컨을 가동하기 때문에 얇은 긴팔 옷을 가져가는 것이 좋다. 밤에 잘 때도 민소매나 반팔보다는 소매가 긴 얇은 내복을 입혀서 재우면 감기를 예방할 수 있다.

### 얼음은 주지 말자!

외국에서 배탈이 나는 경우의 대부분은 물보다 얼음 때문이다. 물은 생수로 먹어도 얼음은 출처가 불분명한 경우가 많아서 아이들은 얼음을 먹이지 않는 것이 안전하다.

### 비상약을 준비하자!

아이들은 항상 예고 없이 아플 수 있다. 해열제, 체온계, 소화제, 감기약, 지사제, 연고, 일회용 밴드 같은 기본 구급약은 반드시 챙기자. 특히 날씨가 더워 아이의 체온이 올라갈 수 있으니 해열제는 꼭 가져가는 것이 좋다. 비상시

를 대비하여 현지 병원의 위치와 연락처를 미리 알아 두는 것도 좋다. 한국어 통역이 가능한지, 24시간 운영하는지도 확인하는 것이 좋다.

### 유모차는 가져가자!

유모차를 타는 아이라면 여행 중에도 유모차가 필요하다. 유모차는 접어서 기내로 들고 타거나 수하물로 부칠 수 있으니 가볍고 접을 수 있는 유모차를 가져가자. 접이식 유모차가 없거나 기내용 유모차가 필요한 경우 한국에서 미리 대여해서 가져갈 수 있다. 한국인이 운영하는 현지 여행사의 경우 차량, 투어 등을 이용하면 유모차를 현지에서 무료로 대여해 주는 경우도 있으니 참고하자.

### 구명조끼는 필수로 준비하자!

물놀이용품은 아이의 안전과 직결되기 때문에 한국에서 직접 준비해 가는 것이 좋다. 리조트에서 대여해 주는 경우도 있으나 구명조끼나 튜브 등은 아이의 신체적 조건에 맞는 것을 사용해야 안전하므로 미리 준비하자. 혹시 한국에서 챙겨오지 못했다면, 현지 쇼핑몰이나 마트에서 구입할 수 있다.

# 출입국
# 체크리스트

## 출국하기

**STEP 1** 공항 도착

최소 출발 3시간 전에는 공항에 도착해서 출국 수속을 해야 한다. 통상적으로 출발 50분 전에 항공사 탑승 수속 카운터가 마감되며, 최근에는 정시 운항을 위하여 출발 10분 전에 탑승 게이트를 닫는 경우도 많으니 여유 있게 공항에 도착하도록 하자.

**STEP 2** 탑승 수속

공항에 도착하면, 해당 항공사 카운터에 가서 전자 항공권과 여권을 제시하고 탑승권을 받는다. 이때 짐이 있다면 위탁 수하물로 보내면 되는데 짐을 부치면 받게 되는 수하물표는 나중에 짐이 분실되거나 문제가 있을 때 필요한 서류이므로 잘 보관해야 한다. 셀프 체크인 키오스크를 이용하면 길게 줄을 서서 기다릴 필요가 없어 빠르게 탑승 수속을 할 수 있다. 해당 항공사 발권 카운터 옆 키오스크에서 여권을 스캔하면 티켓이 자동 발권된다. 짐은 셀프 체크인 전용 카운터에서 부치면 된다.

### 웹 체크인이란?

웹 체크인은 항공기 출발 1시간 전까지 항공사 홈페이지나 애플리케이션을 통해서 사전 탑승 수속을 하는 것을 말한다. 웹 체크인 후 항공사 웹 체크인 전용 카운터에서 수하물을 보내고, 탑승권을 받아서 들어가면 된다. 웹 체크인 전용 카운터를 이용하면 줄을 서는 시간을 절약할 수 있다.

**STEP 3** 세관 신고

여행 시 사용하고 다시 가져올 귀중품 또는 고가품은 출국하기 전 세관에 신고한 후 '휴대 물품 반출 신고(확인)서'를 받아야 입국 시에 면세를 받을 수 있다. 미화 1만 달러를 초과하는 일반 해외여행 경비 또한 반드시 세관 외환 신고대에 신고해야 한다.

**STEP 4** 출국장

항공사 수속 카운터에서 가까운 출국장으로 가서 여권과 탑승권을 보여 주고 안으로 들어가면 된다.

**STEP 5** 보안 심사

여권과 탑승권을 제외한 모든 소지품을 검사받는다. 노트북, 태블릿 PC, 핸드폰, 카메라는 가방에서 꺼내 바구니에 담아야 하며, 주머니 속 동전, 시계, 벨트, 반지 등 금속류 장신구들도 모두 바구니에 담아 검사받아야 추가 검사를 피할 수 있다.

**STEP 6** 출국 심사

2006년 8월부터 대한민국 국민은 출입국 신고서 작성이 생략되었다. 만 19세 이상 국민이라면 사전 등록 절차 없이 자동 심사 기기에 여권을 스캔하고 지문을 인식하는 자동 출입국 심사를 받을 수 있다. 덕분에 대면 심사를 받을 때보다 훨씬 간편하고 신속해졌다. 단, 만 7~18세 이하인 경우, 개명 등 인적 사항이 변경되었거나 주민등록증 발급 후 30년이 지난 경우에는 사전 등록 후 이용이 가능하다.

**STEP 7** 면세점 이용

출국 심사를 마치고 나오면 면세 구역에서 면세품을 쇼핑할 수 있다. 인터넷 면세점이나 시내 면세점에서 사전에 구입한 물건이 있다면, 면세점별 인도 장소에서 수령하면 된다. 베트남 입국 시 면세 한도는 총 1천만 동 이하의 면세품(한화 약 50만원), 미화 $5,000 이하 현금, 주류(20도 이상 1.5L /20도 이하 1L), 담배는 200개피까지이니 면세품 구매 시 주의하자.

### 공항 키즈 존 Kid Zone

인천 공항 제1, 2여객터미널에는 아이들의 휴식 공간인 키즈존이 마련되어 있다. 비행기 탑승 전까지 키즈 존에서 놀다가 탑승하면 아이들이 지루하지 않게 공항에서 시간을 보낼 수 있다.

**요금** 무료 **전화** 1577-2600 **시간** 24시간

#### • 키즈존 위치

| 제1여객터미널 | 제2여객터미널 |
| --- | --- |
| 3층 면세 지역 9번 게이트 부근 | 3층 면세 지역 231번 게이트 부근 |
| 3층 면세 지역 14번 게이트 부근 | 3층 면세 지역 242번 게이트 부근 |
| 3층 면세 지역 41번 게이트 부근 | 3층 면세 지역 246번 게이트 부근 |
| 3층 면세 지역 45번 게이트 부근 | 3층 면세 지역 254번 게이트 부근 |
| 4층 면세 지역 동편 | 3층 면세 지역 257번 게이트 부근 |
| 탑승동 3층 110번 게이트 부근 | 3층 면세 지역 268번 게이트 부근 |

**STEP 8** 탑승구 이동 및 비행기 탑승

면세 구역을 지나 탑승권에 기재된 탑승 게이트로 이동하여 항공기에 탑승하면 된다. 보통 출발 30분 전에 탑승을 시작하여 10분 전에 탑승이 마감되니 항공기 출발 시간 최소 30분 전에는 탑승 게이트 앞에서 대기해야 한다.

**STEP 9** 이륙

게이트 앞에서 승무원에게 탑승권을 보여 주고 좌석 위치 안내를 받는다. 짐은 좌석 위 선반 또는 의자 아래에 넣는다. 이착륙 시 항상 안전벨트를 착용하고 등받이와 테이블은 제자리로 하며 핸드폰 등 전자기기는 끄거나 비행기 모드로 전환한다. 기내에서는 고도가 높아 쉽게 취할 수 있으므로 주류 섭취 시 주의한다. 기내 화장실은 밀어서 열고 들어가며, 반드시 문을 잠그도록 한다. Vacancy(녹색)는 비었음, Occupied(빨간색)는 사용 중을 나타낸다.

### 출입국 신고

베트남은 2010년 하반기에 출입국 신고서를 폐지했다. 대한민국을 비롯한 무비자 입국이 가능한 나라들은 간소화된 입국 절차를 통하여 베트남 여행을 할 수 있다. 하지만 귀국 혹은 제3국행 티켓은 보여줘야 한다. 또, 만 14세 미만 아동이 법정 대리인(부모)이 보호자(친인척, 형제, 교육기관 및 단체 등)와 베트남으로 입국하는 경우 몇 가지 서류가 필요하다. 꼼꼼히 서류를 준비하여 입국 시 심사관에게 제출하면 된다. 구비 서류에 대한 자세한 정보는 주 베트남 대한민국 대사관 홈페이지를 참조하자.

• **부모 미동반 미성년자(만 14세 미만) 베트남 입국 시 구비 서류**
- 부 또는 모의 위임장 : 동의서는 미성년자의 부모로부터 여행 기간 동안 여행에 동반하는 보호자에게 자녀를 위탁하는 내용이 기재되어야 하며 준비 서류 모두 베트남어 또는 영어로 번역 후 공증을 받아야 한다.
- 가족 관계 증명서

### 세관 신고

세관 신고는 자율이다. 신고할 물품이 없는 사람은 세관 신고서를 작성할 필요가 없다. 만약 휴대 금액이 5천 달러(이와 동등한 가치를 지닌 외화)이거나 베트남 동화 1천 5백만 동 이상을 가지고 있거나, 3억 동 이상의 가치를 지닌 수표, 어음, 귀금속 등을 소지한 경우에는 반드시 베트남 세관에 신고를 해야한다. 또한 300g 이상의 금 원료나 금괴, 미술품 등을 베트남 내로 반입하는 경우에도 반드시 신고해야 한다. 베트남 세관 신고서를 작성 시, '베트남 내 주소(Address in Vietnam)'를 기재하는 항목에는 자신이 묵을 숙소 정보를 기재하면 된다.

# 베트남 입국하기

**STEP 1** 착륙

깜라인 공항에 도착하면 도착Arrival 또는 이민국Immigration 표지판을 따라서 이동하면 된다.

**STEP 2** 입국 심사

입국 심사대에 도착하면 여권을 입국 심사관에게 제시한다. 혹시 출국편 항공권을 요청할 수 있으니 항공권을 소지하는 것이 좋다. 입국 심사 시 줄을 기다리지 않고 빠르게 통과할 수 있는 패스트 트랙 서비스가 있다. 인터넷으로 여행 전 서비스를 신청하면 공항에서 직원이 여행객의 이름이 쓰인 팻말을 들고 기다린다. 하지만 공식적으로는 합법적인 서비스는 아니다.

**STEP 3** 짐 찾기

본인이 타고 온 항공편의 수하물 벨트에서 짐을 찾으면 된다. 비슷한 가방이 많으면 수하물표의 이름을 확인하고 가방을 찾으면 된다.

**STEP 4** 세관 심사

수하물 벨트에서 짐을 찾은 후 세관을 통과해서 나가면 된다. 세관에 신고할 물품이 없는 경우 'Nothing to Declare'를 통과해서 나가면 된다.

**STEP 5** 입국장

위의 모든 과정을 거쳐서 나오면 도착Arrival 홀이다. 여행사에 픽업을 요청했다면, 이곳에서 기사를 만나게 된다. 입국장에 나오면 베트남 유심 숍과 환전소가 있으니 환전이 필요하다면 이곳에서 환전하면 된다.

**STEP 6** 공항에서 호텔까지

초행길 여행자라면 여행사 픽업 서비스나 호텔 픽업 서비스를 이용하는 것이 편할 수 있다. 단, 여행사 및 호텔 픽업 서비스는 미리 예약해야 하며, 만약 픽업 서비스를 예약하지 못했다면 다음 장의 나트랑 교통편을 참조하자.

# 나트랑
# 교통

## ◎ 공항 버스

깜라인 공항과 나트랑 시내를 잇는 공항 버스가 있다. 국내선 터미널에서 출발해 국제선 터미널을 거쳐 나트랑 시내로 들어가며 소요 시간은 50분~1시간 정도 소요된다. 매시간 30분과 정각에 출발하며 약 30분 간격으로 운행된다. 시내에서 공항으로 올 때는 시내 공항 버스 정류장에서 탑승하면 된다.

- 버스 노선
깜라인 공항-Nguyễn Tất Thành(롱비치 로드)-Nguyễn Đức Cảnh-Hoàng Diệu-Trần Phú(쩐푸 로드, 나트랑 시내 해변 도로)-Biệt Thự(리버티 센트럴 호텔 근처)-Hùng Vương(이비스 스타일 호텔 근처)-Trần Hưng Đạo(나트랑 센터)-Cổng Sân Vận Động 19 Tháng 8(나트랑 스테디움 앞)
- 요금 6만 동(6세 미만 무료)
- 시간
나트랑 시내→깜라인 공항행 04:30(첫차), 19:55(막차)
깜라인 공항→나트랑 시내행 05:30(첫차), 18:30(막차)
- 홈페이지 xebuytnhatrangsanbaycamranh.com.vn
- 전화 0258- 625 4455

## ◎ 택시

가장 쉽고 편하게 이용할 수 있는 교통수단이다. 비나선Vinasun, 마이린Mailinh, 꿕테Quocte 등의 택시 회사가 있으며, 소형, 중형, SUV 등 차종과 회사에 따라서 기본요금이 다르게 책정된다. 공항 도착 홀로 나오면 택시 탑승장에 택시 기사들이 대기하고 있으며, 기본요금은 7~8천 동 정도로 1km가 넘어가면 미터기가 빨리 올라간다. 택시를 타면 바이 미터by Meter라고 말하고 미터기가 켜졌는지 확인하는 것이 좋다.

깜라인 공항에서 나트랑 시내까지 40분 정도 소요되며, 요금은 소형차 기준으로 30~40만 동(한화 15,000~20,000원)정도다. 보통 미터기 요금으로 가지만, 새벽이나 사람이 없는 시간에는 흥정이 필수다. 시내에서 택시 이용 시 주요 관광지 및 호텔, 식당 등은 기사들이 대부분 알고 있으나 잘 모를 경우 구글 지도나 호텔 명함을 보여주면 된다.

◎ 그랩 Grab

카카오 택시와 비슷한 택시 콜 서비스로, 그랩 앱을 다운받아서 이용하면 된다. 목적지를 검색하면 선택 가능한 차종과 목적지까지 요금을 미리 확인할 수 있어 바가지요금이 없다. 요금은 도착해서 기사에게 지불하거나, 카드 번호를 등록해두면 앱으로 자동 결제되어 잔돈 없이 이용할 수 있다. 승용차에서 벤까지 인원에 맞는 다양한 차량을 선택할 수 있으나, 이용자가 몰리는 저녁 시간에는 콜이 잡힐 때까지 기다려야 하는 점이 불편할 수 있다.

**그랩 이용 방법**

앱 다운 ◉ 목적지 검색 ◉ 차량 선택 ◉ 차량 대기 ◉ 목적지 도착 및 결제

◎ 여행사 차량

사전에 여행사의 공항 픽업 및 샌딩 서비스를 예약하여 이용할 수 있다. 공항에서 나트랑 시내까지 한화로 3~5만 원 수준으로 택시보다 비싼 편이지만, 4~16인승의 다양한 차량을 선택할 수 있고, 공항에서 기다릴 필요 없이 바로 이동할 수 있어 여행의 피로도를 줄일 수 있다. 인원이 많거나 짐이 많은 경우에는 오히려 택시보다 저렴하고 편리하다. 시내에서 호텔을 옮길 때 포나가르 사원, 롯데 마트 등 시내 관광 일정을 계획하여 반나절이나 하루 정도 차량을 빌려서 이용하면 좋다.

- 베나자 카페 cafe.naver.com/mindy7857
- 신짜오 나트랑 cafe.naver.com/getamped2/658707
- 몽키트래블 vn.monkeytravel.com

◎ 호텔 서비스

대부분의 나트랑 호텔은 자체 차량으로 공항과 호텔을 오가는 픽업 서비스를 제공하지만, 대부분 유료다. 공항에서 나트랑 호텔로 이동하는 편도 비용이 약 $40 정도로 택시보다 비싸지만, 예약한 시간에 공항으로 직접 마중 나와 호텔로 바로 이동할 수 있어 편리하다. 예약하는 방법은 호텔로 메일을 보내 예약을 확정받으면 된다. 나트랑 외곽에 위치한 호텔들은 나트랑 시내까지 대부분 무료 셔틀버스를 운행한다. 호텔에 따라 다르지만 보통 하루 2회에서 6회 정도 운행하므로 이용하는 호텔의 서비스 규정을 참조하여 미리 교통편을 체크하자.

# NHA TRANG

## 추 천 코 스

언제, 누구와 떠나든 모두를 만
족시킬 수 있는 최적의 여행 코
스를 제시한다. 동행과 일정을
고려하여 코스를 고르면 따라
가기만 해도 만족과 편안함이
두 배가 될 것이다.

**나트랑 어떻게 여행할까?**
나트랑 시내는 7km에 달하는 긴 지형이며 날씨까지 더워 오래 걸어다니는 것은 무리가 있어 동선을
미리 체크해서 움직이는 것이 좋다.
새벽이나 오전에 나트랑에 도착해 체크인 시간 전에 여유가 생긴다면 호텔에 짐을 보관한 후 나트랑
시내에서 점심을 먹거나 마사지를 받는 코스를 계획하는 것이 효율적이다. 반면, 밤에 나트랑에 도착
하는 경우에는 바로 시내로 이동하는 것이 다음날 여행 동선을 짜는 데 좋으며, 이 경우에는 여행사
픽업 서비스를 이용하면 편하게 이동할 수 있다.

# 아이와 함께하는
## 3박 4일

아이와 함께 여행을 한다면 고려해야 할 것이 더욱 많아진다. 이동이 많으면 아이가 힘들어할 수 있기 때문에 최대한 이동거리가 짧게 계획을 짜는 것이 좋다. 이 코스에는 아이들이 나트랑의 문화와 역사를 배울 수 있는 장소와 즐거운 하루를 보낼 수 있는 빈원더스, 키즈 클럽 등이 포함돼 있다. 또한 아이들 입맛에도 잘 맞는 다양한 현지 음식과 신선한 해산물 식당도 넣었다.

**Day 1** 깜라인 공항 입국 ➡ 호텔 체크인 ➡ 촌촌킴 ➡ 해양 박물관 ➡ 리빈 컬렉티브 ➡ 정글 커피 ➡ 나트랑 야시장

**Day 2** 빈원더스 ➡ 쏨모이 시장 ➡ 코스타 시푸드 ➡ 루남 비스트로

**Day 3** 호텔에서 휴식 ➡ 갈랑갈 ➡ 콩 카페 ➡ 혼총곶 ➡ 포나가르 사원 ➡ 용선사 ➡ 롯데 마트 ➡ 호텔에서 휴식

**Day 4** 호텔 체크아웃 ➡ 깜라인 공항 ➡ 출국

✈

깜라인 공항 입국

⬇

🛎

호텔 체크인

**pm 12:00**

🍴 점심식사 **촌촌킴**

베트남 가정식으로 점심식사

**pm 1:30**

**해양 박물관**

아이와 해양 박물관 체험

**pm 9:00**

**나트랑 야시장**

저렴하게 베트남 기념품 쇼핑하기

**pm 7:30**

**정글 커피**

예쁜 화원 같은 분위기에서
코코넛커피 즐기기

**pm 6:00**

🍴 저녁 식사 **리빈 컬렉티브**

미국식 바비큐 립과 스테이크 맛집

**am 9:00**

**빈원더스**

대규모 워터파크와
놀이공원 즐기기

**pm 5:00**

**쏨모이 시장**

베트남 전통 재래시장에
서 열대 과일 사기

**pm 6:00**

🍴 저녁 식사
**코스타 시푸드**

신선한 해산물 요리 부페

**pm 8:00**

**루남 비스트로**

분위기 좋은 카페에서
디저트와 커피 맛보기

**am 9:00**

**호텔에서 휴식**
수영장 또는 호텔 키즈 클럽 이용

**pm 12:00**

🍴 **점심식사** 갈랑갈
베트남 스트리트 푸드 즐기기

**pm 1:30**

**콩 카페**
코코넛 커피로 더위 식히기

**pm 4:00**

**용선사**
나트랑에서 가장 오래된 불교 사원

**pm 3:30**

**포나가르 사원**
참파 왕국의 유적지 관람

**pm 3:00**

**혼총곶**
혼총 카페에서 바닷가 감상

**pm 5:00**

**롯데 마트**
대형 쇼핑몰에서 장보기

**pm 7:00**

**호텔에서 휴식**
룸 서비스와 호텔 스파 이용하기

호텔 체크아웃

깜라인 공항에서 출국

# 부모님과 함께하는
# 3박 5일

부모님과 함께 하는 여행은 여유로운 여행보다는 많은 것을 경험하고 볼 수 있는 여행을 추천한다. 우리나라에서는 흔히 체험할 수 없는 투어와 어른들의 만족도가 높은 스파와 마사지도 코스에 포함했다. 대중적인 맛을 추구하는 베트남 식당과 한국 음식이 그리울 때 들르면 좋은 한식 맛집도 넣어 구성하였으니 여행 시 참고하자.

| Day 1 | 깜라인 공항 입국 ➡ 호텔 체크인 |
|---|---|
| Day 2 | 원숭이섬 & 화란섬 투어 ➡ 콩 카페 ➡ 수 스파 ➡ 응온 갤러리 레스토랑 ➡ 나트랑 야시장 |
| Day3 | 아이 리조트 스파 ➡ 알렉산더 예르신 박물관 ➡ 쏨모이 시장 ➡ 촌촌킴 ➡ 두카쇼 ➡ 스카이라이트 |
| Day 4 | 호텔 체크아웃 ➡ 퍼 홍 ➡ 혼총곶 ➡ 포나가르 사원 ➡ 용선사 ➡ 나트랑 대성당 ➡ 롯데마트 ➡ 김치 식당 ➡ 망고 스파 ➡ 깜라인 공항 |
| Day 5 | 출국 |

깜라인 공항 입국

⬇

호텔 체크인

**am 8:30**

**원숭이섬 & 화란섬 투어**
아름다운 섬에서 다양한 동물들을
만나고 다채로운 체험하기

**pm 3:00**

**콩 카페**
유명한 코코넛 커피 마시기

**pm 8:00**

**나트랑 야시장**
현지 시장에서 기념품 쇼핑하기

**pm 6:00**

🍴 저녁 식사
**응온 갤러리 레스토랑**
랍스터 무제한으로 즐기기

**pm 4:00**

**수 스파**
가성비 좋은 베트남 마사지 숍

**am 9:00**

**아이 리조트 스파** 미네랄이 풍부한 나트랑 머드 스파로 힐링하기

**pm 1:00**

**pm 1:30**

**알렉산더 예르신 박물관**
예르신 박사 업적 둘러보기

**쏨모이 시장**
재래시장 둘러보며 열대 과일도 맛보기

**pm 9:00**

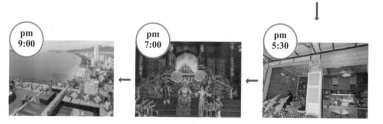

**pm 7:00**

**pm 5:30**

**스카이라이트**
루프톱 바에서 칵테일 즐기기

**두카쇼**
화려한 베트남식 뮤지컬 관람
(2023년 7월 현재 휴업 중이다.
대체 방문지로는 향 타워를 추천한다.)

🍴 **저녁 식사** **촌촌킴**
베트남 가정식으로 든든한 저녁

**Day 4**

호텔 체크아웃

pm 12:30

🍴 점심식사 **퍼 홍**
나트랑 3대 소고기 쌀국수 맛집

pm 2:00

**혼쫑곶**
현지인이 추천하는 뷰 포인트

pm 2:30

**포나가르 사원**
나트랑 참파 문화 유적 둘러보기

pm 3:00

**용선사**
거대한 와불과 좌불상 구경하기

pm 3:30

**나트랑 대성당**
고딕 양식의 대성당 방문하기

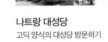

**롯데마트** 출국 전 대형 마트에서 필요한 물건 구매하기

🍴 **저녁 식사** **김치 식당**
한식으로 여행의 피로 풀기

**망고 스파**
마사지와 네일 관리 받기

**깜라인 공항**
출국 준비

**Day 5**

✈
깜라인 공항에서 출국

# 나트랑 맛집 투어
## 3박 4일

맛집 투어 코스에는 베트남 현지 음식뿐만 아니라 퀄리티 있는 다양한 퓨전 음식점들을 골라 구성하였다. 또한 카페는 커피가 맛있는 곳에서 감성적인 인테리어로 인기 있는 곳까지 다양한 타입으로 넣어두었다. 이 코스는 맛집, 카페 탐방 위주로 여행을 즐기는 사람들에게 추천한다.

**Day 1**
깜라인 공항 ➡ 호텔 체크인 ➡ 갈랑갈 ➡ 아이스드 커피 ➡ 빈컴 플라자 ➡ 믹스 그릭 레스토랑 ➡ 콩 카페

**Day 2**
아이 리조트 스파 ➡ 촌촌킴 ➡ 쏨모이 시장 ➡ 쯩우옌 레전드 카페 ➡ 향 타워 ➡ 나트랑 비치 ➡ 응온 갤러리 레스토랑 ➡ 루이지애나

**Day 3**
혼총곶 ➡ 포나가르 사원 ➡ 용선사 ➡ 나트랑 대성당 ➡ 퍼 홍 ➡ 롯데 마트 ➡ 망고 스파 & 네일 ➡ 정글 커피 ➡ 리빙 컬렉티브 ➡ 나트랑 야시장 ➡ 스카이라이트

**Day 4**
호텔 체크아웃 ➡ 깜라인 공항 ➡ 출국

## Day 1

깜라인 공항 입국

⬇

호텔 체크인

**pm 12:30**

🍴 점심식사 **갈랑갈**
베트남 스트리트 푸드 즐기기

**pm 1:30**

**아이스드 커피**
시원한 아이스치노로 여행 시작

**pm 2:30**

**빈컴 플라자**
대형 쇼핑몰 구경하기

**pm 5:30**

🍴 저녁식사 **믹스 그릭 레스토랑**
베트남에서 지중해식 그리스 요리 맛보기

**pm 8:00**

**콩 카페**
빈티지 감성 인테리어와 코코넛 커피가 유명한 카페

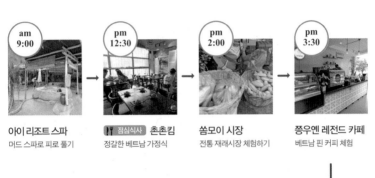

## Day 2

**am 9:00**
**아이 리조트 스파**
머드 스파로 피로 풀기

**pm 12:30**
🍽 점심식사 **촌촌킴**
정갈한 베트남 가정식

**pm 2:00**
**쏨모이 시장**
전통 재래시장 체험하기

**pm 3:30**
**쯩우옌 레전드 카페**
베트남 핀 커피 체험

**pm 9:00**
**루이지애나**
수제 맥주 한잔으로
하루 마무리하기

**pm 6:00**
🍽 저녁 식사
**응온 갤러리 레스토랑**
랍스터 무제한 해산물 맛집

**pm 5:00**
**나트랑 비치**
아름다운 해변에서
인생 사진 찍기

**pm 4:30**
**향 타워**
나트랑 비치의 핑크색
랜드마크

## Day 3

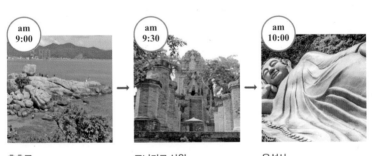

**am 9:00**
**혼총곶**
유명 뷰 포인트에서 전망 감상하기

**am 9:30**
**포나가르 사원**
참파 유적 사원 체험하기

**am 10:00**
**용선사**
사원 언덕에서 시내 내려다보기

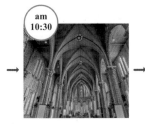

**am 10:30**

**나트랑 대성당**
스테인드글라스가 아름다운 대성당

**am 11:30**

🍽️ 점심식사 **퍼 홍**
로컬 맛집에서 쌀국수 맛보기

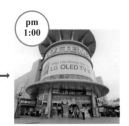

**pm 1:00**

**롯데 마트**
대형 쇼핑몰에서 출국 전 장보기

**pm 5:30**

🍽️ 저녁 식사 **리빈 컬렉티브**
미국식 훈제 바비큐와 수제 버거

**pm 4:30**

**정글 커피**
예쁜 화원 같은 분위기에서
코코넛커피 즐기기

**pm 3:00**

**망고 스파 & 네일**
마사지 받으며 여행의 피로 풀기

**pm 8:00**

**나트랑 야시장**
나트랑 밤을 수놓는 야시장 구경

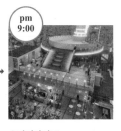

**pm 9:00**

**스카이라이트**
45층 루프톱 바에서 야경 감상

**Day 4**

🛄 호텔 체크아웃

⬇

✈ 깜라인 공항에서 출국

# 알차게 즐기는
## 4박 6일 나트랑 완전 정복

나트랑은 작은 도시이지만 볼거리와 투어 프로그램이 많은 편이다. 4박 6일 이면 나트랑을 구석구석 돌아볼 수 있는 스케줄을 짤 수 있는데, 동선과 계획을 어떻게 짜느냐에 따라 만족도가 달라질 수 있다. 휴양, 관광, 스파, 맛집이라는 각 테마를 하루에 한 가지씩 즐길 수 있도록 코스를 구성하였으니 알차게 여행을 즐겨보자.

**Day 1** 깜라인 공항 입국 ➡ 호텔 체크인

**Day 2** 나트랑 럭셔리 호핑 투어 ➡ 향 타워 ➡ 빈컴 플라자 ➡ 코코넛 풋 마사지 ➡ 리빈 컬렉티브 ➡ 안 카페 ➡ 스카이라이트

**Day 3** 빈원더스 ➡ 해양박물관 ➡ 알렉산더 예르신 박물관 ➡ 촌촌킴 ➡ 나트랑 야시장

**Day 4** 원숭이 섬 & 화란섬 투어 ➡ 수 스파 ➡ 콩 카페 ➡ 올리비아 ➡ 세일링 클럽

**Day 5** 호텔 체크아웃 ➡ 아이 리조트 스파 ➡ 곡 하노이 ➡ 혼총곶 ➡ 포나가르 사원 ➡ 용선사 ➡ 나트랑 대성당 ➡ 롯데마트 ➡ 깜라인 공항

**Day 6** 출국

**Day 1** ─────── **Day 2**

✈
깜라인 공항 입국
⬇
🛎
호텔 체크인

**am 8:30**
**나트랑 럭셔리 호핑 투어**
에메랄드빛 바다에 뛰어들기

**pm 3:00**
**향 타워**
나트랑 랜드마크에서 인증샷 찍기

**pm 5:30**
🍴 저녁 식사 **리빈 컬렉티브**
미국식 훈제 바비큐 즐기기

**pm 3:30**
**코코넛 풋 마사지**
발 마사지 받으며 여행 피로 풀기

**pm 3:10**
**빈컴 플라자**
시내 대형 쇼핑몰에서 쇼핑하기

**pm 7:00**
**안 카페**
베트남 현지인들 사이에서
유명한 카페

**pm 9:00**
**스카이라이트**
환상적인 나트랑 야경을 즐기며 나이트라이프 만끽하기

**빈원더스**
남녀노소 모두 즐거운 테마파크

**해양 박물관**
베트남 해양 연구소 부속 박물관

**알렉산더 예르신 박물관**
예르신 박사의 생애 둘러보기

**나트랑 야시장**
나트랑 밤을 수놓는 야시장 구경하기

🍴 저녁 식사 **촌촌킴**
담백한 베트남 가정식 즐기기

**원숭이 섬 & 화란섬 투어**
원숭이와 교감하는 반나절 투어

**수 스파**
베트남 전통 마사지로 피로 풀기

**콩 카페**
코코넛 커피 한 잔으로 더위 식히기

**세일링 클럽**
나트랑 비치를 바라보며 맥주 한잔

🍴 저녁 식사 **올리비아**
정통 이탈리안 요리를 즐기며 느긋하게 저녁시간 보내기

Day 5

호텔 체크아웃

am 9:00
아이 리조트 스파
대규모 스파에서 반나절 휴식

pm 12:30
점심식사 곡 하노이
인기 있는 분짜 맛집

pm 2:00
혼쫑곶
시원한 나트랑 바다 전망 감상

pm 2:30
포나가르 사원
참파 왕국의 흔적 둘러보기

pm 3:00
용선사
나트랑 시내 한눈에 내려다보기

pm 3:30
나트랑 대성당
고혹적인 고딕 양식 성당 구경하기

pm 4:00
롯데 마트
출국 전 필요한 물건 구매하기

pm 9:00
깜라인 공항
출국 준비

Day 6

깜라인 공항에서 출국

95

# 로맨틱한 허니문
## 4박 6일

투어 위주의 빡빡한 일정보다는 풀빌라 리조트와 해변에서 휴양을 즐기는 코스를 선호하는 신혼부부들의 취향을 고려하여 코스를 구성했다. 대자연 속에 지어진 고급 리조트와 분위기 좋은 장소들이 신혼부부들의 여행을 더욱 로맨틱하게 만들어 줄 것이다. 물론 이 코스는 신혼부부뿐만이 아니라 느긋하게 휴양을 즐기고 싶은 시니어 여행객에게도 적합하다.

**Day 1**    깜라인 공항 입국 ➡ 호텔 체크인

**Day 2**    나트랑 럭셔리 호핑 투어 ➡ 제이 스파 ➡ 리빈 컬렉티브 ➡ 정글 커피 ➡ 알티튜드 루프톱 바

**Day 3**    호텔 휴식 ➡ 풀빌라로 이동 ➡ 풀빌라 체크인 및 휴식 ➡ 황제 선셋 크루즈

**Day 4**    풀빌라 즐기기 ➡ 100 에그 머드 스파 ➡ 콩 카페 ➡ 응온 갤러리 레스토랑 ➡ 세일링 클럽

**Day 5**    호텔 체크아웃 ➡ 촌촌킴 ➡ 혼쫑곶 ➡ 포나가르 사원 ➡ 용선사 ➡ 나트랑 대성당 ➡ 롯데 마트 ➡ 센 스파 ➡ 깜라인 공항

**Day 6**    출국

**깜라인 공항 입국**

**↓**

**호텔 체크인**

am
8:30

**나트랑 럭셔리 호핑 투어**
나트랑 에메랄드빛 바닷속 투어

pm
2:30

**제이 스파**
전문적인 전신 관리로 피로 풀기

pm
9:00

**알티튜드 루프톱 바**
로맨틱한 바에서 야경 감상하기

pm
7:00

**정글 커피**
예쁜 화원 같은 분위기에서
코코넛커피 즐기기

pm
5:30

🍴 저녁 식사 **리빈 컬렉티브**
미국식 바비큐와 스테이크 즐기기

**Day 3**

am
9:00

**호텔에서 휴식**
조식 먹고 수영장 이용하기

pm
12:00

**풀빌라로 이동**
숙소 이동하기

pm
2:00

**풀빌라 체크인**
프라이빗한 공간에서 휴식

pm
5:00

🍴 저녁 식사
**황제 선셋 크루즈**

**am 9:00**

**풀빌라 즐기기** 로맨틱한 풀빌라 수영장에서 휴식

**am 11:00**

**100 에그 머드 스파**
미네랄이 풍부한 머드 스파 즐기기

**pm 4:30**

**콩 카페**
레트로 감성의 인테리어로 유명한 빈티지 카페

**pm 8:00**

**세일링 클럽**
음악과 조명이 있는 로맨틱한
클럽에서 나트랑 비치 즐기기

**pm 5:30**

🍴 저녁 식사 **응온 갤러리 레스토랑**
랍스터 무제한 시푸드 뷔페에서 푸짐한 저녁 식사 즐기기

🔔
호텔 체크아웃

**pm 12:10**

🍴 점심식사 **촌촌킴**
베트남 가정식으로 든든하게 한끼

**pm 1:30**

**혼촘곶**
에메랄드빛 나트랑 바다 감상하기

**pm 3:30**

**롯데마트**
출국 전 기념품 쇼핑하기

**pm 3:00**

**나트랑 대성당**
고딕 양식의 대성당 관람

**pm 2:30**

**용선사**
언덕에서 시내 내려다보기

**pm 2:00**

**포나가르 사원**
참파 왕국의 흔적 엿보기

**pm 5:30**

**센 스파**
마사지로 여행의 피로 풀기

**pm 9:00**

**깜라인 공항**
출국 준비

✈
깜라인 공항에서 출국

베트남 대표 휴양지인 나트랑
은 우리나라에서 유럽인들의
휴양지로 더 유명하다. 유적지
와 고급 리조트들, 에메랄드빛
바다, 각종 볼거리는 여행객들
에게 다채로운 즐거움을 선사
한다.

혼종곶

포나가르 사원

플레이타임 키즈 클럽_고 나트랑

덤 시장

용선사

알렉산더 예르신 박물관

두카쇼

나트랑 기차역

나트랑 대성당

플레이타임 키즈클럽_빈컴 플라자

쏨모이 시장

항 타워

나트랑 야시장

신투어리스트 나트랑

XO 자수 박물관

나트랑 비치

나트랑 중앙 공원

해양 박물

# Sightseeing

## 관광

아름다운 나트랑 해변을 거닐고, 고급 리조트에서 휴양을 하는 것만이 나트랑 여행의 전부는 아니다. 나트랑을 제대로 이해하기 위해서는 포나가르 사원부터 지금의 쏨모이 시장까지 천 년을 아우르는 명소들을 둘러보는 것이 좋다. 역사적인 흔적이 고스란히 남아 있는 곳들도 꼭 한번 가 보기를 추천한다.

**세계에서 가장 아름다운 해변**
## 나트랑 비치 *Bãi Biển Nha Trang* [바이 비엔 냐짱]

주소 68 Trần Phú, Vĩnh Hoà, Thành Phố Nha Trang  위치 깜라인 공항에서 차로 약 40분

시내 앞으로 펼쳐진 약 7km 길이의 해변이 나트랑을 세계적
인 휴양지로 만들었다. 이 나트랑 비치는 여행 웹사이트〈트립
어드바이저tripadviser〉가 뽑은 '세계에서 가장 아름다운 해변
21곳' 중 한 곳으로도 선정된 바 있다. 모래사장 곳곳에는 서
핑과 해양 스포츠를 즐길 수 있는 업체들이 많으며, 해변가 인
근에 위치한 호텔들의 선베드가 구역을 나누어 놓여 있다. 이
선베드는 호텔 투숙객에게 무료로 제공되거나 유료로 사용할
수 있다. 해변을 따라서 잘 정비된 산책로와 공원은 한낮에도
시원한 그늘을 제공해준다. 낮 동안 활기찼던 해변은 저녁이
되면 파도 소리와 잔잔한 음악이 어우러져 색다른 분위기를
낸다. 낮에는 뜨거운 태양을 아래에서 선탠을 즐기고 저녁에
는 시원한 맥주로 하루를 마감하기 좋은 나트랑 비치는 여행
객들은 물론 현지인들도 사랑하는 장소다.

**나트랑 비치의 랜드마크**
**향 타워** Tháp Trầm Hương Nha Trang [탑 쩜 흐엉 나짱]

주소 Đường Trần Phú, Lộc Thọ, Thành phố Nha Trang  위치 깜라인 공항에서 차로 약 43분

2008년 12월에 세워진 향 타워는 나 트랑의 랜드마크로 베트남 전쟁의 승리 를 기념하기 위해 세워진 전승 기념탑이 다. 세로로 긴 나트랑 비치 중간에 있어 나트랑 비치를 북쪽과 남쪽으로 나누는 기점이 되기도 한다. 향 타워는 총 6층의 건축물로 외관은 베트남의 국화인 연꽃 을 상징한다. 외벽이 핑크색으로 칠해져 있어 핑크 타워라고 불리기도 한다. 나 트랑의 파도를 상징하는 조각품이 1층 을 받치고 있으며, 연꽃 꽃잎이 겹겹이

싸여 있는 모양의 외관이 아름답다. 타워 내부는 나트랑이 속해 있는 칸호아주에 대한 안내와 사진이 있는 전시실이다. 탑의 꼭대기는 등대를 모티브로 만들어졌으며 나트랑의 바다를 안전하게 비추는 의미를 담 고 있다. 밤에는 타워에 조명이 들어와 더욱 아름다운 핑크색으로 빛나기 때문에 야경을 보러 오는 여행객 들도 있다. 푸른 바다와 핑크색 건물의 풍경이 조화롭다.

 이국적인 분위기의 나트랑 해변 공원
## 나트랑 중앙 공원 Nha Trang Central Park [나트랑 센트럴 파크]

주소 96 Trần Phú, Lộc Thọ, Thành Phố Nha Trang  위치 깜라인 공항에서 차로 약 40분, 루이지애나와 스토리 비치 클럽 사이  전화 0258-3521-844

나트랑의 센트럴 파크라고도 불리는 이곳은 이국적인 분위기를 풍긴다. 관광객뿐 아니라 베트남 현지인 들도 휴식 공간으로 애용하는 곳이다. 해변을 따라 길게 형성된 공원은 관리가 잘 돼 있으며 곳곳에 나무가 많아 그늘에서 쉬기에 좋다. 아침저녁으로 해변을 따라 운동과 산책을 즐기는 사람들을 많이 볼 수 있다. 공원 중간에 스토리 비치 클럽에서 운영하는 수영장이 있다. 입장료가 있으며, 선베드와 락커는 추가 사용 료를 지불해야 사용할 수 있다. 화장실과 샤워 시설이 있고 작은 놀이터도 있어 아이와 함께 이용하기에도 좋다. 수영장이 해변에서 가까워서 수영장에서 바다로 가기 편하다. 수영장은 이용객이 많아 도난 사고가 종종 발생한다. 특히 핸드폰 같은 경우 쉽게 분실할 수 있으므로 되도록 락커에 보관하자.

프랑스 고딕 양식 성당

## 나트랑 대성당 Nhà Thờ Chánh Tòa Kitô Vua[나 터 짠 또아 끼또 부어]

주소 1 Thái Nguyên, Phước Tân, Thành Phố Nha Trang 위치 향 타워에서 차로 약 5분, 빈컴 플라자 르탄톤 지점에서 도보 10분 시간 08:00~11:30, 14:00~16:00(일요일은 외부인 출입 불가) 요금 무료 전화 0258-3823-335

1933년 프랑스 성직자 루이 벨벳Louis Vallet의 제안으로 설립된 고딕 양식의 성당이다. 지상으로부터 약 12m 높이에 돌로 지어져 현지인들 사이에는 돌 성당이라고 불리기도 한다. 성당 내부의 천장까지 뻗어 있는 긴 기둥과 천장의 아치 모양이 전형적인 프랑스 고딕 양식을 보여 주며, 스테인드글라스를 통해 들어오는 오색 빛은 성스러운 분위기를 자아낸다. 미사 시간을 알리는 3개의 종은 1789년 프랑스에서 주조하여 가져온 것이다. 성당으로 올라가는 외부 벽면에는 약 4천 개의 천주교 성인과 신자들의 묘비가 새겨져 있다. 미사 시간에는 성당 안으로 진입이 제한되기 때문에 사전에 입장 가능한 시간을 확인하고 방문하도록 하자. 공식적인 입장료는 무료이지만 기부 형식으로 입장료를 받기도 한다. 보통 한 명에 1~2만 동이 적당하며 체크하는 사람에 따라서 약간 변동될 수 있으니 참고하자.

 나트랑에서 가장 오래된 불교 사원
용선사 Chùa Long Sơn[쭈아 롱썬]

**주소** 20 Đường 23/10, Phương Sơn, Thành Phố Nha Trang
**위치** 향 타워에서 차로 약 6분 **시간** 07:30~17:00 **요금** 무료

1889년 짜이 투이Trại Thủy산 정상에 지어진 용선사는 나트
랑에서 가장 오래된 불교 사원이다. 1900년 거대한 태풍으
로 붕괴된 후 현재 위치로 이전하여 재건축되었다. 1936년
응우옌 왕조에 의해 용선사로 불리게 됐으며, 1964년 세계
평화를 기원하는 의미에서 24m의 거대한 불상이 건축됐다.
도교식 건축 양식으로 지어진 사원으로 사원 내부에 도교 신
화에 나오는 동물과 신들이 조각돼 있고 지붕의 처마 끝마다
화려한 용 장식이 있는 것을 볼 수 있다. 사원 뒤에 있는 152
개의 계단을 오르면 거대한 와불을 만날 수 있고 거기서 조금
더 올라가야 용선사의 좌불상을 만날 수 있다. 오르막길이 조
금 힘들지만 정상에서 나트랑 시내를 한눈에 내려다 볼 수 있
어 좋다.

## 나트랑 현지인들이 추천하는 뷰 포인트
### 혼총곳 Hòn Chồng[혼쫑]

주소 Vĩnh Phước, Thành Phố Nha Trang  위치 향 타워에서 차로 약 8분  시간 06:00~18:00  요금 10,000동

매표소에서 표를 사서 입장하면 전통 공연을 하는 공연장이 나온다. 공연장을 지나 해변 쪽으로 내려가면 언덕 아래에 해변을 따라서 크고 작은 바위가 독특한 모양으로 쌓여 있는 것을 볼 수 있다. 혼총곳에서 가장 우뚝 솟아 있는 바위를 남편 바위라고 부르는데 바위에 공룡 발자국 또는 거인의 손자국처럼 보이는 독특한 모양이 있다. 이 무늬에 관한 전설이 몇 가지 있는데, 거인이 낚시를 하고 있을 때 커다란 물고기가 미끼를 물어 낚싯대를 놓치지 않으려고 다른 손으로 바위를 쥐어 움푹 파인 흔적이라는 설이 있고, 또 다른 하나는 술에 취한 거인이 목욕을 하고 있는 여인을 보게 됐는데 그때 놀라 돌을 떨어뜨려서 생겼다는 이야기가 있다. 내려왔던 반대 방향의 계단을 오르면 혼총 카페가 있는데, 해변과 바위를 내려다보면서 여유롭게 커피 한잔하기에 좋다.

### 참파 왕국의 흔적
# 포나가르 사원 Tháp Bà Po Nagar[땁 바 포 나가르]

주소 2 Tháng 4, Vĩnh Phước, Thành Phố Nha Trang　위치 향 타워에서 북쪽방향 차로 약 9분　시간 06:00~17:30　요금 10,000동

포나가르 사원은 8세기에 참파 왕국이 세운 사원이다. 참족은 2세기부터 15세기까지 베트남 중부지역에 살았던 민족으로 불교와 힌두교를 결합한 독특한 참파 문화Champa를 기반으로 한다. 다낭과 더불어 나트랑은 참파 왕국의 중심지로 나트랑의 포나가르 사원이 그 흔적이다. 포나가르 사원은 오늘날까지 남아 있는 참파 유적 가운데 가장 오래된 것 중에 하나로 8세기에 탑의 일부가 소실되었으나 10세기 이후 재건되어 오늘날까지 보존되고 있다. 벽돌로 지어진 탑이 수 세기 동안 무너지지 않고 견고하게 유지되고 있다는 점이 미스터리다. 사원의 이름인 포나가르Po Nagar는 '열 개의 팔을 가진 여신'을 뜻한다. 포나가르 여신은 전쟁과 파괴로부터 평화를 유지하려는 여신으로 통하며, 힌두교 3대 신 중 하나인 시바신의 아내이기도 하다. 사원을 구성하는 3개의 탑은 안으로 들어갈 수 있으며, 내부에는 포나가르 여신상과 제단이 있어 제사를 올리는 베트남 사람들을 볼 수 있다. 사원 내부로 들어갈 시 복장이 민소매거나 짧은 하의를 착용하면 입장이 제한될 수 있다. 이럴 경우에는 사원 입구에서 무료로 대여해 주는 가운을 입으면 입장 가능하다. 탑 뒤편에 위치한 전시관에는 복원 당시의 사진과 유물이 전시되어 있어 함께 보면 좋다. 사원이 넓지 않고 오후에는 단체 관광객들이 몰리는 편으로 오전에 방문하여 한적하게 산책하듯이 돌아보자.

## 참족과 참파 문화 이해하기

참Cham족은 2~15세기까지 베트남 중부 지역에 존속했던 참파Champa 왕국의 후예이다. 이들은 조각과 건축 기술이 뛰어났으며 베트남뿐만 아니라 캄보디아와 태국 일부 지역까지 번성했다. 참족은 말레이계 민족으로 인도에서 유입된 힌두교를 믿었으며, 특히 시바를 숭배하는 힌두교는 이후 유입된 불교와 결합되어 베트남 중부에서만 볼 수 있는 독특한 참파 문화를 형성하였다. 참족은 약 12세기에 걸쳐 베트남 중부 지역인 다낭, 호이안부터 나트랑까지 해안을 따라 정착하였으며 중개 무역을 통해 번성하였다. 15세기 이후 유입된 이슬람교의 영향으로 쇠퇴하여 현재 참족은 베트남 내 소수 민족으로 남아 있다. 1999년에는 참파 문화의 독창성이 동남아시아에 끼친 영향력을 인정받아 참파 문화의 성지인 '미선 유적지Mỹ Sơn'가 유네스코에 등재되었다.

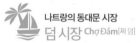
**나트랑의 동대문 시장**
덤 시장 Chợ Đầm[쩌 덤]

주소 Vạn Thạnh, Thành Phố Nha Trang 위치 항 타워에서 차로 약 6분 시간 05:00~18:30 전화 0258-3812-388

나트랑 최대 규모의 상설 시장이다. 원형 경기장을 떠올리게 하는 2층의 원형 건축물은 낡고 허름해서 선뜻 들어가기 어려운 분위기이다. 건물 밖에도 과일이나 옷 등을 파는 노점상과 간이 상점이 많아 실제 규모는 더 크다. 새벽 시간에는 주로 과일과 야채를 사러 오는 현지인들이 많고, 낮에는 옷, 신발, 라탄 제품 등 공산품을 찾는 사람들이 이용한다. 나트랑으로 들어오는 물건의 도매 시장으로 현지 소매상들이 물건을 받으러 온다. 베트남 전통의상인 아오자이를 구매하면 바로 수선해 주기 때문에 특별한 추억을 만들고 싶다면 이곳에서 아오자이를 구매하는 것도 나쁘지 않다. 하지만 상인들이 영어가 잘 통하지 않아 의사소통이 어렵고 관광객에게 높은 가격을 부르는 경우가 많아 흥정이 필수다. 베트남 현지 시장 분위기를 느끼고 싶다면 가볼 만하지만, 건물 안에 에어컨을 가동하지 않아 쾌적한 분위기의 쇼핑은 기대하기 힘들다.

주소 Trần Phú, Lộc Thọ, Thành Phố Nha Trang  위치 나트랑 시내, 향 타워 맞은편

나트랑 시내 골목에 약 100m에 걸쳐 형성된 야시장으로 저녁 5시부터 보통 자정까지 열린다. 일반적으로 생각하는 야시장보다 규모가 작아 노점과 상점이 늘어선 다소 짧은 골목 시장이라고 보면 된다. 파는 물건들은 덤 시장과 비슷하며 베트남 국기가 그려진 기념품과 캐슈너트 등의 견과류를 파는 가게가 많다. 관광객을 위해 만들어진 야시장이다 보니 가격이 저렴한 편은 아니다. 쇼핑보다는 저녁 시간에 한가하게 걸으면서 구경하기 좋다. 만약 쇼핑을 한다면 흥정은 필수다. 냉장고에 붙여 두면 예쁜 마그넷이나 베트남 느낌이 나는 소품 등도 있으며, 베트남풍 원피스나 라탄백도 흥정만 잘하면 저렴하게 살 수 있다.

### 베트남 현지인들의 재래시장
# 쏨모이 시장 Chợ Xóm Mới[쩌 쏨 모이]

주소 49 Ngô Gia Tự, Tân Lập, Thành Phố Nha Trang  위치 향 타워에서 차로 약 7분  시간 06:00~17:00  전화 0258-3515-364

쏨모이 시장은 관광객보다 현지들이 많이 애용하는 시장이다. 현지의 생활 문화가 그대로 담겨 있어 현지인들이 즐겨 먹는 음식들을 쉽게 만나 볼 수 있다. 쏨모이 시장에는 열대 과일이 특히 저렴하기 때문에 관광객들이 과일을 구매하러 많이 온다. 관광객들을 위해 만들어진 시장이 아니고 베트남 전통 재래시장이기 때문에 복잡하며 깨끗한 상태가 아니라는 점을 참고하자. 덤 시장과 마찬가지로 부르는 게 값이기 때문에 흥정을 잘하고 구매해야 한다. 또 오토바이가 많이 지나다니는 도로 양옆에 시장이 형성되어 있으니 상점을 구경할 때 조심하자. 오후 5시가 넘으면 대부분의 상점이 문을 닫기 때문에 어두워지기 전에 가는 것이 좋다.

### 베트남 로컬 여행사
# 신투어리스트 나트랑 The Sinh Tourist Offices Nha Trang

주소 130 Hùng Vương, Lộc Thọ, Thành Phố Nha Trang  위치 향 타워에서 차로 약 3분, 리버티 센트럴 호텔 대각선 맞은 편  시간 06:00~22:00  홈페이지 thesinhtourist.vn  전화 0258-3524-329

베트남을 대표하는 현지 여행사로 베트남 도시를 잇는 슬리핑 버스, 시외버스부터 현지 데이 투어와 액티비티를 예약하고 이용할 수 있다. 주로 현지인들이 다른 도시로 가는 버스를 예약하기 위해 많이 이용하여 시외버스 터미널 같은 분위기이다. 슬리핑 버스를 예약하려는 여행객들이 많아 버스가 오는 시간에는 복잡하니 한적한 시간대를 이용하자. 일일 투어로는 나트랑에서 가까운 무이네 사막 투어나 달랏 투어도 인기 프로그램이다. 시내 중심에 위치해 찾아가기 쉽고 실내가 깔끔하다. 현지인 직원들이 응대하지만 간단한 영어가 가능해 의사소통에 큰 어려움은 없다.

## 레트로 느낌 물씬 나는 기차역
# 나트랑 기차역 Ga Nha Trang [가나 짱]

주소 17 Thái Nguyên, Phước Tân, Thành Phố Nha Trang 위치 향 타워에서 차로 약 6분

호찌민, 하노이에서 출발해 나트랑을 연결하는 기차가 도착하는 역으로 나트랑 이외 지역으로 이동하는 현지인들의 대표 교통수단이다. 간이역 같이 규모는 작지만, 전체적으로 깔끔하게 잘 유지되어 있다. 다낭이나 호찌민으로 이동하는 침대 열차는 사전에 예약해야 할 정도로 인기이다. 열차표는 인터넷으로도 예약할 수 있다.

**Tip.** 베트남 기차 예약

베트남 기차는 딱딱한 나무 의자인 '하드 시트 Hard Seat'와 푹신한 의자인 '소프트 시트 Soft Seat' 그리고 '6인실 침대칸Hard Berth', '4인실 침대칸Soft Berth'으로 나뉜다. 나트랑에서 호찌민까지는 약 7시간 30분 소요되며 비용은 4인실 침대칸 기준 약 $40 정도이다. 나트랑에서 하노이까지는 11시간 30분 정도가 소요된다. 기차 시간대와 조건에 따라 소요 시간 및 비용이 다르니 티켓 예매 전에 확인해야 한다. 티켓은 베트남 기차 예약 사이트(vietnam-railway.com)에서 예약할 수 있다.

베트남의 자수 박물관
## XQ 자수 박물관 Tranh Thêu Tay XQ[짠 테우 따이 엑스큐]

주소 64 Trần Phú, Lộc Thọ, Thành Phố Nha Trang   위치 향 타워에서 차로 약 2분, 갈랑갈 옆   시간 08:00~
18:00 휴무 일요일 요금 무료 전화 0258-3526-579

베트남에서는 오래전부터 자수로 집안을 꾸미거나 아오자이의 장식을 수놓았는데 그 문화가 오늘날까지 이어져 오고 있다. 천연염료로 염색한 수천 가지 색실을 사용한 자수는 붓으로 그린 것과 차이가 없을 정도로 색감이 풍부하고 정교하다. 박물관에는 자수로 놓은 목걸이와 병풍, 옷들이 전시돼 있다. 직접 수를 놓는 모습을 가까이에서 구경할 수 있으며 다양한 자수 작품들을 구매할 수도

있다. 박물관이라고 하기에는 작은 규모지만, 베트남 자수 작품을 하나하나 둘러보는 재미가 있다. 작품 중에는 상당히 고가도 있으니 아이와 함께 관람한다면 작품에 손을 대지 않도록 조심하자. 입장료는 무료이니 가볍게 방문하면 좋다.

베트남 사람들이 가장 존경하는 외국인
## 알렉산더 예르신 박물관 Bảo Tàng Alexandre Yersin[바오 땅 알렉산드르 예르신]

주소 Trần Phú, Xương Huân, Thành Phố Nha Trang   위치 향 타워에서 차로 약 5분   시간 07:30~11:30,
14:00~17:00(월~금), 07:30~11:30(토요일) 휴무 일요일 요금 20,000동 전화 0258-3822 -355

미생물학자로 유명한 파스퇴르의 제자인 알렉산더 예르신은 베트남 사람들이 가장 존경하는 외국인으로 손꼽힌다. 예르신 박사는 베트남이 프랑스령이던 1891년 나트랑에 와서 50년 넘게 베트남의 질병 퇴치와 의학 발전에 기여했다. 그는 사후에 베트남에 묻히기를 희망할 정도로 베트남에 대한 남다른 애착이 있었다. 1층은 현재 연구소 사무실과 치료실로 사용 중이라 치료를 받으러 오는 현지인들로 붐빈다. 박물관은 2층에 있다. 계단을 올라 2층으로 들어가면 예르신 박사의 두상이 있고 그가 연구하던 각종 연구 자료들과 개인 소지품, 실험실 장비, 베트남 여행 시 썼던 원본 서신 및 사진 등이 전시돼 있다.

 **아이들과 가기 좋은 박물관**
**해양박물관** Viện Hải Dương Học Nha Trang[비엔 하이 즈엉 혹 나 짱]

주소 14 Trần Phú, Vĩnh Hoà, Thành Phố Nha Trang  위치 항 타워에서 차로 약 10분, 깡까우다 선착장 옆  시간 06:00~18:00  요금 40,000동(성인), 20,000동(6세~12세 미만), 무료(6세 이하, 120cm 이하)  전화 0258-3590-036

깡까우다 선착장 근처에 위치한 나트랑 해양 박물관은 베트남 최대의 해양 연구소의 부속 박물관답게 다양하고 많은 해양 생물들이 전시되어 있다. 박물관이 선착장 바로 옆에 위치하고 있어 더욱 생생한 느낌을 주는데, 한국의 아쿠아리움과는 또 다른 분위기다. 우리나라에서 볼 수 없었던 신기한 해양 생물들을 많이 볼 수 있다. 특히 10톤의 흑등고래뼈 전시물이 유명하며거북이와 각종 어류를 직접 내려다 볼 수 있는 야외 수족관이 있어 색다른 재미를 느낄 수 있다.

 화려한 무대 속의 베트남 이야기
**두카쇼** Du Ca Show

주소 62 Thái Nguyên, Phước Tân, Thành Phố Nha Trang   위치 향 타워에서 차로 약 5분, 나트랑 대성당 맞은 편   시간 19:30~20:30(하루 1회 공연)   가격 590,000동(성인), 490,000동(아동), 무료(아동, 100cm 미만)   홈페이지 ducashow.com   전화 0258-381-0979

60여 명의 무용수가 춤과 음악으로 베트남의 문화, 종교, 전통 등을 표현하는 공연이다. 웅장한 구성과 화려한 무대 의상, 훌륭한 연기력, 특색 있는 내용으로 높은 수준의 공연이라는 평을 받고 있다. 현대적인 무대 장치로 인해 전혀 지루하지 않고 관객이 참여할 수 있는 코너도 있어 남녀노소 모두 즐기며 관람할 수 있다. 공연이 끝난 후에 주어지는 포토 타임을 제외하고는 사진과 동영상 촬영이 금지. 공연장에 에어컨이 세게 가동되기 때문에 간단한 겉옷을 챙기는 것이 좋다.

Notice 2023년 7월 현재 휴업 중이다. 방문 전에 운영 여부 확인하자.

© 플레이타임

한국식 실내 놀이터
## 플레이타임 키즈 클럽 Playtime Kids Club

**빈컴 플라자점** 주소 Vincom Plaza, Tầng 3 TTTM, 44-46 Lê Thánh Tôn, Lộc Thọ, Thành Phố Nha Trang
위치 향 타워에서 차로 약 4분, 빈컴 플라자 르탄톤 로드점 3층  요금 80,000동(평일), 100,000동(주말 및 공휴일),
*보호자 1인 무료(보호자 추가 시 1인당 20,000동)  시간 09:30~22:00  홈페이지 playtime.co.kr  전화 025-8390-1155

**고 나트랑점** 주소 Lô 4, Đường 19/5, Vĩnh Điềm Trung, Xã Vĩnh Hiệp, Tp. Nha Trang  위치 향 타워에서 차
로 약 12분, 고 나트랑(GO! Nha Trang) 4층  시간 08:00~22:00  홈페이지 playtime.co.kr  전화 090-3137-990

한국에서 성공한 키즈 클럽 플레이타임의 나트랑 지점이다. 아이들이 마음껏 뛰어 놀 수 있는 볼풀과 미끄
럼틀, 정글짐 등 시설이 잘 갖춰져 있다. 또 다양한 활동과 프로그램이 준비돼 있으며 공간이 넓은 것에 비
해 이용객이 적어 한적하게 아이들이 놀이를 즐길 수 있다. 더운 날씨를 피해 시원한 실내에서 아이들과 함
께 시간을 보내고 싶을 때 이용하기 좋은 장소이다. 한국과 달리 시간 제한이 없는 것이 특징이며, 빈컴 플라
라자와 고 나트랑 안에 있어 장보는 시간에 아이와 놀아 주기 좋다.

© 플레이타임

119

나트랑의 멋진 리조트와 해변에서 휴양만 해도 좋지만 하루 정도 나트랑을 벗어나 다녀오는 투어는 여행을 더욱 풍성하게 만든다. 열대 정글 속에서 폭포를 만나고 열대어가 가득한 바닷속을 헤엄치는 일, 그리고 머드 스파와 사막을 탐험하는 일, 이 모든 것을 투어에서 경험할 수 있다. 투어를 선택할 때에는 자신의 체력을 고려해 선택하는 것이 좋다. 베트남의 새해인 '뗏' 등의 명절에는 투어가 진행되지 않는 경우도 있으니 참고하자. 업체마다 투어 시간, 투어 요금 그리고 포함된 옵션이 다르므로 예약 전에 확인하자.

- 몽키트래블 vn.monkeytravel.com(베트남 전문여행사)
- 클룩 klook.com(차량, 투어, 입장권 등)
- 마이 리얼 트립 myrealtrip.com/
- 베나자 카페 cafe.naver.com/mindy7857
- 신짜오 나트랑 cafe.naver.com/getamped2/6587 07
- 나트랑 도깨비 cafe.naver.com/zzop/765740
- KKday kkday.com/ko

### 나트랑 바닷속 포인트
# 나트랑 럭셔리 호핑 투어 Nha Trang Luxury Hopping Tour

요금 1,400,000동(성인, 아동), 무료(2세 이하)  포함 사항 스노클링 장비, 낚시 장비, 대형 튜브, 물놀이용품, 점심 식사, 리조트 내 샤워실 이용  불포함 사항 음료, 타월, 호텔 픽업, 추가 액티비티(패러 세일링, 제트 스키, 바나나 보트)

나트랑의 주변 섬 중에 에메랄드빛 바다로 유명한 혼못섬과 혼문섬 인근 바다에서 즐기는 스노클링과 선상 낚시를 체험하는 투어다. 나트랑에서 가까운 바다에서 하는 스노클링으로 5시간 정도 소요되는 반일 투어다. 깡까우다 선착장에 모여 출발하며, 스피드 보트로 20분 정도면 절벽 제비집을 채취하는 곳에 도착한다. 관광 후 2층의 거대한 목선에서 선상 낚시와 스노클링을 즐길 수 있다. 전용 스노클링 포인트가 있어 스노클링하기에 최상의 바닷속 환경을 체험할 수 있다. 한국어가 가능한 가이드와 직원들이 있어 의사소통이 편하다.

**Tour start**

09:30  나트랑 호텔 픽업

10:00  깡까우다 선착장 출항

제비집
(스피드 보트로 제비집 구경)

혼못섬
(나트랑에서 가장 큰 목선 탑승,
스노클링 & 선상 낚시)

혼문섬
(스노클링 & 선상 낚시)

12:30  혼미우섬
(랑차이 리조트의 화장실, 샤워
실, 선베드, 수영장, 점심 식사)

15:00  투어 종료 후 숙소 센딩

### 나트랑 깊은 바닷속이 궁금하다면

# 혼문섬 스쿠버 다이빙 투어 Hon Mun Scuba Diving Tour

요금 1,550,000동(체험 다이빙), 1,350,000동(자격증 수료 펀 다이빙), 포함 사항 스쿠버 다이빙 강사, 스쿠버 장비, 스노클링 장비, 점심 식사 불포함 사항 호텔 픽업, 타월

깡까우다 선착장에서 배로 약 50분 거리의 혼문섬에서 즐기는 다이빙 투어이다. 혼문섬은 나트랑에서 바닷속 환경이 가장 잘 보존되고 있어 전 세계 다이버들의 워너비 포인트다. 다이빙 자격증이 없는 사람도 참여할 수 있으나 만 11세 이상만 가능하다. 임산부나 심장 질환이 있는 사람은 참여할 수 없다. 연중 잔잔한 파도로 다이빙하기 좋으며, 다이빙이 처음인 체험 다이버들과 전문 다이버들 모두 만족스러운 다이빙을 즐길 수 있는 곳이다. 투어 예약 시 장비 준비를 위해 신발 사이즈와 몸무게, 키 정보를 업체에 알려 줘야 한다.

**▼ Tour start**

- **08:00** 나트랑 시내 다이빙 사무실 집합
- **08:30** 깡까우다 선착장
- **09:20** 혼문섬 1번째 포인트
  (스노클링, 스쿠버 다이빙 1회(약 30분))
- **11:30** 혼문섬 2번째 포인트
  (스쿠버 다이빙 1회(약 30분))
- **12:30** 깡까우다 선착장

  점심 식사
- **13:30** 나트랑 시내 다이빙 사무실 도착

깡까우다 선착장

혼째섬

혼미우섬

혼땀섬

혼못섬

혼문섬
스쿠버 다이빙, 스노클링 포인트

Tour

# 나트랑의 자연과 문화가 결합된 다채로운 테마파크
## 양베이 폭포 투어 Yang Bay Waterfall Tour

요금 1,900,000동(성인), 1,500,000동(아동, 100~140cm 이하), 무료(유아, 100cm 미만) 포함 사항 호텔 픽업 및 센딩, 가이드, 점심 식사, 입장료

나트랑의 자연을 가까이서 체험할 수 있는 양베이 폭포 투어는 나트랑 여행 시 놓치면 안 되는 인기 투어 중에 하나다. 양베이 폭포가 있는 테마파크는 나트랑의 자연과 문화가 결합된 이색적인 명소로 규모가 커 버기카를 타고 이동하면서 다양한 동물을 구경할 수 있다. 또 끈에 소원을 적고 나무에 걸면 소원이 이루어 진다는 러브 트리, 잉어들에게 밥을 직접 줄 수 있는 잉어 연못, 그리고 가장 유명한 악어 공원까지 여러 가지 체험 요소가 잘 조성되어있다. 뿐만 아니라 집라인, 리프팅 등 활동적인 체험도 가능하며 베트남 전통 경기 중 하나인 돼지 경주, 닭싸움 같은 구경거리도 가득하다. 하이라이트 코스는 양베이 폭포에서 수영하 기인데, 재미는 물론이고 물속에 미네랄이 풍부해 피부 미용에도 도움을 준다.

Tour start

- **09:00** 숙소 픽업
- **09:30** 잉어 연못
  (잉어 먹이 주기)
- 러브 트리
  (러브 트리에 소원 빌기)
- **10:00** 악어 공원
  (악어 먹이 주기)
- **11:30** 민속 공연
  (민속 공연 관람하기)
- **12:00** 양베이 폭포
  (폭포 주변 관람 및 수영하기)
- **13:00** 점심 식사
  (베트남식 식사)
- **14:00** 양베이 동물원
- 온천
- **15:00** 숙소 센딩

양베이 폭포, 동물원

혼째섬

나트랑 시내

혼바 자연 보호구역

123

## 가족 여행객에게 인기 있는 투어

# 원숭이섬 & 화란섬 투어 Monkey Island & Hoa Lan Island Tour

**요금** 600,000동(성인), 500,000동(아동, 100~140cm 이하), 무료(유아, 100cm 미만)  **포함 사항** 호텔 픽업 및 센딩, 가이드, 점심 식사, 입장료  **불포함 사항** 추가 액티비티 비용(타조 타기, 코끼리 트래킹, 수상 액티비티 등)

나트랑 시내에서 30분 정도 떨어져 있는 선착장에서 배로 화란섬과 몽키섬 두 곳을 방문하는 투어다. 오키드 아일랜드Orchid Island라 불리는 화란섬은 100여 종의 난초와 꽃사슴 정원, 나비 정원, 타조 정원 등의 테마로 잘 가꾸어진 아름다운 섬이다. 또 2km에 달하는 해변은 인근 섬들로 둘러싸여 있으며, 파도가 잔잔하고 바다는 에메랄드빛으로 반짝거려 해수욕을 즐기기에 안성맞춤이다. 원숭이섬에는 약 1,500마리의 원숭이가 살고 있는데, 물음표 모양의 꼬리가 이곳 원숭이만의 특징이다. 또 원숭이 먹이 주기 체험과 원숭이 쇼를 관람할 수 있으며 타조, 뱀, 사슴 등 다양한 동물들도 만나 볼 수 있다. 투어 구성이 알차고 요금이 저렴해 남녀노소 즐길 수 있어 가족 여행객에게 인기 있다.

> **Tour start**
>
> **08:30** 숙소 픽업
>
> **09:00** 롱푸 선착장
>
> **10:00** 화란섬
> (화란섬 관광 – 버드쇼 관람(20분) –
> 화란섬 비치에서 휴식(50분))
>
> **12:25** 원숭이섬
> (점심 식사–원숭이 공연 관람– 야생 원숭이 만남)
>
> **15:00** 롱푸 선착장
>
> **15:30** 숙소 센딩

롱푸 선착장 / 혼시에 / 화란섬 투어 / 혼라오 / 원숭이섬 투어

## 력셔리한 5성급 데이 크루즈 투어
### 황제 데이 크루즈 Emperor Day Cruise

요금 1,700,000동(성인), 1,300,000동(아동), 무료(만 4세 이하) **포함 사항** 호텔 픽업 및 센딩, 가이드, 점심 식사, 입장료 **불포함 사항** 음료, 수상 액티비티(다이빙, 제트 스키, 파라 세일링, 바나나 보트, 스쿠버 다이빙)

력셔리한 운항하는 5성급 데이 크루즈에서의 식사와 더불어 수영, 스노클링, 카야킹 등 다양한 수상 스포츠를 즐길 수 있는 투어이다. 배 내부에는 식사를 할 수 있는 다이닝룸과 휴식을 취할 수 있는 리빙룸이 있고 실내에는 에어컨이 있어 쾌적하고 시원하게 투어를 즐길 수 있다. 혼째섬에서는 스노클링과 해수욕을 즐길 수 있으며, 어촌 마을과 원주민 가두리 양식장에서 다양한 물고기와 상어도 구경할 수 있다. 또 특색 있는 바구니배도 체험할 수 있는데 나무를 얽어서 만든 배로 무게 중심이 잘 잡혀있어 안전하고 물이 샐 걱정도 할 필요가 없다. 식사는 대중적인 맛으로 무난하다. 투어 프로그램 중 낚시 프로그램도 있는데 초보들도 손쉽게 할 수 있도록 직원들이 옆에서 미끼를 끼워 주고 사용 방법을 잘 알려준다. 투어 내내 직원들의 친절한 서비스를 받을 수 있고 력셔리하게 나트랑 바다를 구경할 수 있다.

**Tour start**

- **08:00** 숙소 픽업
- **08:45** 선착장
- **09:00** 혼땀섬
  - 혼못섬
- **09:45** 혼미우섬
  - (미니 비치 휴식,
  - 수상 액티비티 유료 이용)
- **11:35** 점심 식사
- **14:05** 어촌 마을
  - (양식장 방문, 바구니배 체험)
- **13:00** 숙소 센딩

**Tour** 나트랑의 아름다운 선셋을 한눈에
# 황제 선셋 크루즈 Emperor Sunset Cruise

**요금** 1,700,000동(성인), 1,300,000동(아동), 무료(만 4세 이하)  **포함 사항** 호텔 픽업 및 센딩, 핑거 푸드, 저녁 식사, 무제한 음료

5성급 크루즈에서 해 질 무렵의 아름다운 나트랑 바다를 감상하며 저녁 식사를 하는 크루즈 디너 투어다. 메뉴는 랍스터와 스테이크인데, 스테이크는 굽기 조절이 가능하여 취향껏 선택해서 먹을 수 있다. 주류는 무제한이며 종류는 맥주, 와인, 칵테일 등이 있고 술을 안 좋아하는 사람들을 위해 음료수도 준비되어 있다. 하이라이트는 역시 선셋이다. 노을이 지기 시작하면 선상에서 펼쳐지는 음악회를 감상할 수 있다. 사랑하는 사람과 추억을 만들고 싶은 커플 여행객들에게 인기가 많다. 아름다운 노을을 보며 저녁 식사를 하고 라이브 음악을 들으며 로맨틱한 시간을 보내자.

**Tour start**

16:30  숙소 픽업

17:00  선착장
        (크루즈 승선)

17:30  선셋, 야경 감상

18:00  저녁 식사

20:00  숙소 센딩

 **베트남 유일한 사막 투어**
## 무이네 지프 투어 Muine Jeep Tour

**요금** 4,400,000동(1~2인 기준) **포함 사항** 왕복 단독 차량, 운전기사, 무이네 사막 지프 차량 **불포함 사항** 식사, 추가 액티비티 비용, 입장료(15,000동/1인당)

무이네 지프 투어는 요즘 떠오르는 핫한 투어이다. 무이네는 나트랑에서 차로 서너 시간 떨어져 있는 도시이며 베트남에서 유일한 모래 사구를 가지고 있다. 당일로 사막을 체험할 수 있는 이 투어는 화이트 샌듄, 레드 샌듄에서 모래 썰매를 탈 수 있는데 위험하지 않아 남녀노소 즐길 수 있다. 그리고 이곳에서 일출과 일몰을 볼 때 걸어서 갈 수 있지만, 선택에 따라 지프나 사륜구동 오토바이 ATV를 타고 뷰 포인트까지 이동할 수 있다. 가장 높은 곳에서 보이는 드넓은 사막과 그 가운데 있는 호수의 풍경이 아름답다. 한 가지 더, 무이네 바닷가 계곡 안쪽에 있는 리틀 그랜드 캐니언으로 알려진 요정의 샘을 방문해 흐르는 샘물에 두 발을 잠시 맡기며 힐링의 시간을 가져보자. 나트랑에서 출발하는 무이네 지프 투어는 새벽에 출발하는 선라이즈 투어와 아침에 출발해서 저녁에 오는 선셋 투어가 있다.

> **Tour start**
>
> 선라이즈 / 선셋
> 01:30 / 08:00 나트랑 호텔 픽업
> 04:00 / 12:00 무이네 도착
>                무이네 투어
>                지프 차량 탑승
> 04:30 / 14:00 화이트 샌듄
>                레드 샌듄
>                요정의 샘
>                피싱 빌리지
> 08:30 / 18:00 점심 식사·자유 시간
> 10:30 / 19:00 나트랑으로 출발
> 14:30 / 23:00 나트랑 도착

**베트남의 달랏 알짜배기 투어**

# 달랏 1박 2일 투어

**요금** 3,720,000동(성인), 3,000,000동(만 8세 이하), 무료(만 4세 이하)　**포함 사항** 차량, 가이드, 입장료, 숙소

베트남의 지붕이라고 불리는 고산 지대 달랏의 명소를
한 번에 돌아볼 수 있는 알짜 투어이다. 나트랑에서 달랏
까지 편도로만 약 4시간이 걸리기 때문에 1박 2일 코스
로 구성되었다. 달랏은 구릉지대라 숲이 우거지고 기후
가 일 년 내내 쾌적하다. 1박 2일 투어 중 대표적인 관광
지로 다탄라 폭포가 있다. 캐니어닝Canyoning으로 유명
한 이곳은 18m 높이의 폭포 아래로 라펠링 액티비티를
즐길 수 있고 시원하게 흐르는 물줄기도 볼 수 있다. 또
하나는 여름 궁전이라고 칭하는 베트남 제국 응우옌 왕
조의 마지막 황제인 바오다이의 별장인데, 2천여 종의
다양한 꽃으로 꾸며져 있는 아름다운 정원과 뚜예람 호
수를 볼 수 있다. 달랏은 자유 여행하기 어려운 관광지가
있어 투어를 이용하는 것을 추천한다. 달랏의 명소를 돌
아보며 달랏 야시장과 특산품인 달랏 커피도 마셔 보자.

- 숙소 픽업
- 점심 식사
- 라비엣 커피
- 크레이지 하우스
- 꽃 정원
- 로빈 힐
- 죽림 선원
- 다탄라 폭포
- 저녁 식사
- 커피 숍
- 야시장
- 숙소 체크인

2일차

- 숙소 픽업
- 랑비앙 마운틴
- 점심 식사
- 달랏 기차역
- 바오다이 별장
- 린푸억 사원
- 나트랑 도착

스카이 휠

월드 가든

워터 파크

시 월드

돌핀라군

킹스가든

빈원더스 입구

오션 무비 캐슬

알파인코스터

케이블카 승강장

VINPER

혼째섬

# VinWonders

## 빈원더스

베트남 최초의 대규모 테마파크로 나트랑을 인기 여행지로 만든 장소 중 한 곳이다. 해상 케이블카나 스피드 보트를 이용해 혼째섬으로 들어가야 하기 때문에 새로운 나라를 들어가는 느낌을 든다. 빈원더스에는 놀이공원, 워터파크, 식물원, 동물원, 대관람차 등 다양한 즐길 거리가 많아 나트랑을 찾는 여행객들의 선호 관광지 1위다.

섬에서 모든 것을 즐길 수 있는 대규모 테마파크

# 빈원더스 VinWonders

**주소** Vinh Nguyen, Thànhphố Nha Trang　**요금** 입장료 750,000동(성인), 560,000동(아동, 100~140cm), 무료 (100cm 미만), 560,000동(60세 이상) / 오후 4시 이후 입장료 500,000동(성인), 420,000동(아동, 100~140cm), 무료(100cm 미만), 420,000동(60세 이상)　**시간** 08:00~20:00(시설마다 운영 시간 다름)　**홈페이지** vinwonders. com　**전화** 84-1900-6677

빈원더스(구 빈펄 랜드)는 베트남의 빈 그룹VINgroup이 만든 테마파크이다. 베트남 최초의 대규모 테마파크로 나트랑 뿐만 아니라 베트남 다낭, 푸꾸옥에도 빈원더스가 있다. 그중 나트랑의 빈원더스가 특별한 이유는 빈그룹이 나트랑 시내의 인근 섬인 혼째섬에 대규모 테마파크와 호텔 리조트를 조성했기 때문이다. 섬 안에서 모든 것을 해결할 수 있어 말 그대로 섬캉스를 즐길 수 있다. 빈

원더스가 유명해지면서 한국 여행객들에게는 본래의 지명인 혼째섬이라는 이름보다 빈펄섬이라고 더 알려져 있다. 빈원더스에는 해상 케이블카나 스피드 보트를 이용하여 들어갈 수 있는데, 2023년 7월 현재 해상 케이블카는 운영 중단되었고 스피드 보트로만 섬 출입이 가능하다. 빈펄 리조트 투숙객은 선착장에서 체크인을 하고 스피드 보트로 이동한다. 빈원더스 입장권은 호텔 예약 시 입장권이 포함된 패키지로 예약하거나 호텔 로비에서 입장권을 구입할 수 있다. 일반 이용객들은 케이블카 승차장에서 구입 가능하다. 빈원더스는 해변이 보이는 언덕에 놀이공원, 워터 파크, 식물원, 동물원, 대관람차 등 대규모 테마파크가 멋지게 조성돼 있다. 빈원더스의 모든 시설을 하루에 다 이용하기 어려울 정도로 규모가 크기 때문에 아침 일찍 입장하는 것이 좋다. 특히 알파인 코스터는 이용객이 많아 항상 줄이 길다. 오전에 빈원더스에 도착하면 줄이 긴 알파인 코스터와 놀이공원을 먼저 이용하고, 워터 파크와 스플래시 베이는 오후에 이용하는 것이 추천한다. 워터 파크와 놀이공원은 도보로 이동 가능하나 놀이공원과 식물원, 동물원, 대관람차는 거리가 있어 셔틀버스를 타고 이동한다. 빈원더스 입장권은 케이블카 왕복 이용권을 포함하며, 추가 요금 없이 빈원더스 내 모든 시설을 이용할 수 있다(일부 시설 제외). 오후 4시 이후에는 놀이공원과 대관람차를 제외한 시설의 이용이 제한되어 입장료가 저렴해지니 티켓 구입 시 참고하자.

빈펄랜드 상세 지도

VINPEARL

ZIPLINE

알파인 코스터

메인 어드벤처

자이언트 스윙/체어리프트

파이어리트 섬

범퍼카

스카이 드롭

수퍼 카루셀

롤러코스터

애플룸카

케이블카

어드벤처 랜드

킹스가든

월드가든

스카이 휠

페어리 랜드

시월드

워터 월드

돌핀 라군

수족관 거리

스피드 보트 선착장
(투숙객 전용)

케이블카(시내 방향)

133

### 나트랑의 랜드마크 해양 케이블카
# 케이블카 Cable Car

시간 08:30~21:00(상행 막차 07:00/하행 막차 20:30)

나트랑 시내와 빈펄섬을 이어 주는 케이블카는 총 9개의 기둥으로 지지되며 길이가 3,320m나 되는 세계에서 가장 긴 해상 케이블카이다. 빈펄섬까지 들어가는 시간은 12분 정도 소요되며 낮에는 나트랑의 시내와 바다와 전경을 조망할 수 있고 밤에는 아름다운 야경을 감상할 수 있어서 인기가 많다. 케이블카 이용료는 빈원더스 입장권에 모두 포함되며 왕복권, 편도권 선택이 가능하다. 단, 입장권은 일회용이며 구입한 날짜에 사용해야 하고 퇴장 시 재입장이 불가능하다. 빈펄 계열 리조트 투숙객은 룸키를 제시하면 패스트 입장이 된다. 케이블카 안에 에어컨이나 선풍기는 없지만 의자 밑에 통풍구로 시원한 바람이 들어와 견딜 만하다.

**Notice** 2023년 7월 현재 미운영 중이다. 방문 전에 운영 여부 확인하자.

### 남녀노소 즐거운 테마파크
# 놀이공원 Adventure World & Titan Peak & Candy Land

시간 08:00~20:00

놀이 기구 종류가 다양하고 어린아이뿐만 아니라 성인들도 즐길 수 있는 기구들도 많아 남녀노소에게 인기가 많다. 빈원더스 놀이공원은 한국의 놀이공원과 다르게 대기 시간이 짧고 한적한 편이라 이용하는 데 무리가 없다. 하지만 빈원더스 놀이 기구 중 스릴과 속도 모두 최고라고 평가받는 알파인 코스터는 인기가 굉장히 많다. 바다를 한눈에 내려다보며 1,220m의 레일을 따라 아찔하게 내려오는 이 놀이 기구는 줄이 긴 편이니 입장과 동시에 이용하는 것이 좋다. 한낮에는 그늘이 별로 없는 놀이 공원을 돌아다니기 힘드니 시원한 실내 게임 센터에 들어가 시간을 보내고, 해가 지면 실외로 가는 동선을 짜는 것이 좋다. 밤에 조명이 켜진 회전목마와 대관람차에서 사진을 찍고, 3m 높이의 그네를 타고 빙글빙글 돌아가는 회전 그네를 타는 것을 추천한다. 놀이 기구 이용 시 아동의 키에 따라 제한이 있는 것들이 많아 미리 확인하고 이용하면 동선을 줄일 수 있다.

★ **월드 가든** World Garden
- 식물원: 월~금 10:00~18:00, 토·일·공휴일 09:00~18:00
- 스카이 휠Sky Wheel: 10:00~19:00

★ **킹스 가든** King's Garden
- 동물원: 10:00~17:30
- 새 공연Bird Show: 11:30~11:50, 15:30~15:50

★ **어드벤처 랜드** Adventure Land
- 톱스핀Topspin: 08:30, 09:20, 10:00, 12:45, 18:00, 18:40, 19:20
- 스카이 드롭Sky Drop: 08:30~12:15, 12:45~17:00, 17:30~19:55
- 스윙 캐러셀Swing Carousel: 08:30~12:30, 13:00~18:15

· 자이언트 스카이 체이서Giant Sky Chaser: 08:30, 09:20, 10:00~11:45
· 번지 점핑Bungee Jumping: 10:00~11:30, 13:00~14:00

★ **페어리 랜드** Fairy Land
- 알파인 코스터Alpine Coaster: 08:30~19:00
- 집라인ZipLine: 09:00~17:00

★ **시 월드** Sea World
- 아쿠아리움: 09:00~19:00
- 인어 쇼Mermaid Show: 11:00~11:10, 15:00~15:10
- 무지개 전쟁Rainbow War: 08:30~19:30

★ **워터 월드** Water World
- 워터 파크: 09:00~17:30

★ **플래시몹** Flashmob
음악과 함께 단체로 펼쳐지는 깜짝 군무 공연
시간 09:00~09:15, 10:00~10:15

★ **타타 쇼** TaTa Show
화려한 조명의 볼거리가 풍성한 스토리 있는 뮤지컬 쇼
시간 19:30~20:10

★ **음악 분수 쇼** Music Water Fountain Show
음악에 따라 춤추는 분수 쇼
시간 19:00~19:15

★ **물고기 먹이 주기 쇼** Fish Feeding Show
수족관 안에서 물고기에게 먹이 주는 모습을 관람하는 시간
시간 10:00~10:15, 17:00~17:15

©빈원더스

 워터 슬라이드가 많은 워터 파크
## 워터 월드 & 스플래시 베이 | Water World & Splash Bay

**요금** 100,000동(사물함 보증금), 20,000동(사물함 대여료) / 150,000동(수건 보증금), 30,000동(수건 대여료) **시간** 09:00~17:30(워터 월드), 10:00~17:30(스플래시 베이)

빈원더스의 워터 파크는 한국의 워터 파크에 못지않게 규모가 크다. 아이들을 위한 키즈 풀부터 어른들을 위한 경사가 가파른 워터 슬라이드까지 있다. 그중 높이 15m, 길이 100m의 보디 슬라이드가 인기가 많다. 이 워터 파크 최대의 장점은 대기 인원이 적고 한산한 편이어서 모든 슬라이드를 대기 없이 마음껏 즐길 수 있다는 점이다. 각 기구마다 운영 시간 다르기 때문에 입장하기 전 운영 시간을 확인해야 한다. 스플래시 베이는 워터 파크와 이어진 해변에 띄워져 있는 거대한 고정 튜브 시설이다. 이 시설은 하늘에서 보면 빈펄이란 글자 모양이라고 한다. 스플래시 베이는 추가 요금을 지불해야 이용 가능하며, 안전상의 이유로 임산부와 키가 130cm 이하 어린이는 입장이 제한된다. 바닷가에서 운영하는 플라이 보드, 제트 스키, 카약 등 해상 스포츠 또한 추가 요금을 지불해야 이용할 수 있다.

> **Tip.** 슬라이드별 키 제한 정보
>
> ★**워터 월드**Water World
> · 레이지 리버Lazy River: 보호자 동반
> · 멀티 슬라이드Multi Slides: 120cm 이상
> · 스페이스 홀Space Hole: 150cm 이상
> · 카미카제Kamikaze: 130cm 이상
> · 쓰나미Tsunami: 130cm 이상
> · 플라잉 보트 업 힐Flying Boat Uphill: 130cm 이상
> · 보디 슬라이드Body Slide: 130cm 이상
> · 래프팅 슬라이드Rafting Slide: 130cm 이상
> · 패밀리 슬라이드Family Slide: 130cm 이상
> · 키즈 풀Kid's Pool: 140cm 이상(100~139cm 미만 보호자 동반)
> · 웨이브 풀Wave Pool: 보호자 동반

### 빈원더스의 동물원
# 킹스 가든 King's Garden

시간 10:00~17:30(새 공연 11:30~11:50, 15:30~15:50)

빈원더스 동물원의 정식 명칭은 킹스 가든 King's Garden이다. 이 동물원은 코끼리, 곰, 사자, 원숭이 등 다양한 동물들이 있으며, 굉장히 가까운 거리에서 동물들을 볼 수 있다. 오전 11시 30분과 오후 3시 30분, 하루에 두 차례 동물들과 새들이 다양한 쇼를 펼치며 직접 새를 만지는 체험을 해 볼 수도 있다.

### 실감나는 바닷속 4D 애니메이션
# 오션 무비 캐슬 Ocean Movie Castler

시간 10:00~19:30

빈원더스 내 최초로 만든 4D 영화관이다. 약 300평 넓이의 부지에 200석 규모로 지어졌으며 3개의 돔 스크린이 있다. 의자가 흔들리고 물이 튀기는 등 실감 나는 4D 효과는 마치 바닷속에 있는듯한 착각이 들게 한다. 빈원더스에서 독자적으로 만든 영화 '코럴 아일랜드'는 바다 생물과 인어의 모험을 담은 이야기로 남녀노소가 모두 스릴과 재미를 느낄 수 있다.

### 바다를 배경으로 진행되는 쇼
## 돌핀 라군 Dolphin Lagoon

**시간** 10:30~11:00, 14:00~14:30(화~일, 공
휴일 / 월요일은 오후 공연만 있음)

바다를 배경으로 한 야외 공연장에서 잘 훈
련된 돌고래들이 조련사의 구호에 맞추어
다이나믹한 공연을 펼친다. 인기가 많은 공
연이라 시작 시간 10분 전에 입장하여 좋은
자리를 잡는 것이 좋다. 물이 많이 튀는 앞
자리보다는 그늘막이 있는 뒷자리가 햇빛
도 가려지고, 공연도 더 잘 보인다.

### 빈원더스의 해양 박물관
## 시 월드 Sea World

**시간** 09:00~19:00(운영 시간), 11:00~11:10(인어 쇼), 15:00~15:10(인어 쇼), 10:00~10:15(먹이 주기 쇼),
17:00~17:15(먹이 주기 쇼)

4,500㎡의 대규모 아쿠아리움 시 월드는 파충류, 민물 생
물, 바다 생물 등 여러 나라에서 수입된 300종이 넘는 희
귀한 해양 생물을 전시하고 있다. 북부 아시아, 남부 아시
아, 아마존, 그리고 해안 기후 구역으로 구역을 나누어 놓
았다. 방문객들의 편의를 위해 무빙 워크가 장착된 현대식
수중 터널도 설치돼 있다. 관리가 잘된 이 아쿠아리움은
최대한 가까운 거리에서 수천 마리의 다채로운 해양 생물
이 헤엄치는 모습은 관람을 할 수 있다.

### 섬 안의 거대한 식물원
## 월드 가든 World Garden

**시간** 10:00~18:00(월~금), 09:00~18:00
(주말, 공휴일)

수백 종의 꽃과 아프리카 식물이 있는 5개의 돔 실내 정원과 실외 장미 정원이 하나의 거대한 식물원을 이루고 있다. 한국에서 보기 힘든 아프리카 식물부터 오키드(난) 종류와 장미까지 다양한 식물을 테마별로 나누어 잘 꾸며 두었다. 아프리카 식물이 있는 돔을 제외하고는 에어컨이 있어 쾌적하게 관람할 수 있다.

### 나트랑을 내려다볼 수 있는 대관람차
## 스카이 휠 Sky Wheel

**시간** 10:00~19:00

나트랑 시내에서도 보이는 이 대관람차는 빈원더스의 필수 관광 코스다. 대관람차 높이는 120m로 탑승하면 빈원더스와 멀리 있는 나트랑 시내까지 한눈에 내려다볼 수 있다. 60개의 캐빈은 동시에 480명을 수용할 수 있으며, 베트남에서 가장 높은 대관람차이자 '세계 10대 대관람차'로 기네스북에도 올랐다. 밤이 되면 영롱한 빛을 자랑하는 스카이 휠의 사진을 찍으려는 사람들로 북적인다.

동호관_1호점 ↑

옷히엠 레스토랑_1호점

텍사스 치킨

고구려

쫀쫀킴

코스타 시푸드

루남 비스트로

퍼 홍

랑웅온_분점

항 타워

김치 식당

쏨모이 가든

알파카 홈스타일 카페

리빙 콜렉티브

고려 한국관

미성

꼭 하노이

퍼 박당

바뚜이 레스토랑

쌈러 타이 레스토랑

나트랑 비치

옷히엠 레스토랑_2호점

랑웅온_본점

제주가

마담 프엉

믹스 그릭 레스토랑

응온 갤러리 나트랑 레스토랑

갈랑갈

예원

리스 그릴

캑터스 보고소브 멕시칸 푸드

올리비아

놈놈

동호관_2호점 ↓

# Restaurant

## 식당

나트랑은 과거 프랑스의 식민지였던 탓에 일찍이 서양의 식문화를 접하게 되었다. 그로 인해 현재
의 베트남 중남부 가정식부터 나트랑의 해산물 요리까지 다채로운 식문화가 생겨났다고 해도 과언
이 아니다. 특히 나트랑은 골목골목이 맛집이라서 무엇을 먹을지를 고민하기보다는 과연 다 먹어
볼 수 있을지를 고민하게 된다. 맛집 탐험은 나트랑에서 꼭 해야 하는 첫 번째 일정이니 미리 정보
를 파악해 준비하는 것이 좋다. 저녁에는 대부분 줄을 서기 때문에 낮에 다니는 것도 좋은 팁이다.

## 🍴 ⚓ 편안한 분위기의 베트남 가정식 식당
### 촌촌킴 Cơm Nhà Chuồn Chuồn Kim

주소 89 Đường Hoàng Hoa Thám, Lộc Thọ, Thành Phố Nha Trang  위치 나트랑 비치 북쪽, 향 타워에서 도보로 약 10분  시간 10:30~21:00  가격 120,000동(새우튀김), 60,000동(스프링롤 튀김), 80,000동(돼지갈비 튀김), 30,000 동(모닝글로리)  전화 094-305-51-55

베트남에서는 보기 드물게 베트남 가정식을 주메뉴로 하는 식당으로 밥과 함께 먹기 좋은 요리들이 많다. 세련되고 깔끔한 인테리어로 눈에 띄는 건물이며 총 3층으로 이루어져 있는데 1층과 2층은 에어컨이 없고 3층만 에어컨이 있다. 대표 메뉴는 월남쌈과 모닝글로리인데 인기가 많아 늦은 시간에 방문하면 재료가 소진된 경우가 많다. 1인분이 넉넉하지 않아 여러 메뉴를 시켜서 나눠 먹으면 좋다. 편안한 분위기에서 베트남 가정식을 제대로 즐기고 싶을 때가 볼 만하다.


## 🍴 ⚓ 베트남 스트리트 푸드 레스토랑
### 갈랑갈 Galangal

주소 1-A Biệt Thự, Lộc Thọ, Thành Phố Nha Trang  위치 향 타워에서 도보로 약 7분, 시타딘 베이 프론트 호텔 맞은 편  시간 08:30~23:00  가격 78,000동(반쎄오), 45,000동(고이꾸언), 89,000동(넴루이), 25,000동(음료)  홈페이지 galangal.com.vn  전화 0258-3522-667

베트남에서 가장 많이 먹는 베트남 길거리 음식을 테마로 한 레스토랑이다. 입구에 들어서자마자 오픈 키친이 있어 조리하는 과정을 볼 수 있다. 1층 홀도 넓지만 에어컨이 없어 낮에는 에어컨이 있는 2층에 앉는 것을 추천한다. 퍼보, 반쎄오, 넴루이 등의 메뉴는 외국인들 입맛에도 맞는 무난한 맛이라 베트남 음식을 처음 먹는 사람들도 큰 거부감 없이 즐길 수 있다. 고급스러운 레스토랑 같은 분위기에 비해 가격이 합리적이라 부담이 없다. 특히 직접 숯불에 구워서 나오는 넴루이는 이곳의 인기 메뉴다. 세일링 클럽과 가까운 위치에 있어 찾아가기 쉽다.

## ❘❙ 깔끔한 분위기의 소문난 맛집
# 마담 프엉 Madam Phuong

주소 34F Nguyễn Thiện Thuật, Tân Lập, Nha Trang  위치 향 타워에서 도보 8분  시간 11:00~22:00  가격 98,000동(계란볶음밥), 88,000동(모닝글로리), 118,000동(분보남보, 소고기볶음쌀국수)  홈페이지 fr-fr. facebook.com/people/Madam-Phuong/100049261634234/?ref=py_c 전화 0258-6503-988

2019년에 오픈하였으며 깔끔한 분위기와 한국인의 입맛에 맞는 음식으로 인기를 끌고 있는 마담 프엉은 베트남에서 오래전에 살았던 현명한 여성이었던 '프엉'의 이름을 따서 식당 이름을 지었다고 한다. 직원들의 깔끔하고 단정한 복장이 눈길을 끈다. 계란볶음밥, 모닝글로리, 새우 짜조, 반쎄오를 비롯한 다양한 메뉴가 있으며 메뉴판은 한글로도 적혀 있어 주문이 전혀 어렵지 않다. 1층으로 되어 있고 실내석과 실외석으로 나뉘며 실내석은 에어컨이 갖추어져 있어 아주 시원하고 은은한 조명이 인상적이다. 나트랑 시내에 위치해 찾아가기도 아주 쉽다. 오너는 현재 식당과 함께 스파도 운영 중이다.

## 🍽 5개의 레스토랑이 모인 복합 레스토랑
# 쏨모이 가든 Xommoi Garden

주소 144 Võ Trứ, Tân Lập, Nha Trang  위치 향 타워에서 도보로 약 11분, 쯩우옌 레전드 카페 근처  시간 12:00~22:00(주문 마감 21:30) 가격 80,000동(소고기 쌀국수), 75,000동(분팃느엉), 35,000동~(반미), 39,000동(카페 쓰어다)  전화 078-483-1004

쏨모이 가든은 5개의 레스토랑이 한곳에 모여 있는 복합 레스토랑이다. 정통 웨스턴 스타일 바베큐 식당 '이너이', 베트남 정통 음식을 취급하는 '벱미인', 숯불 반미 전문점 '오! 반미', 쌀국수 전문점 '퍼몽' 그리고 카페 '라핀'이 있다. 현지 로컬 식당보다 약간 가격대가 높지만 에어컨이 잘 나오는 쾌적한 환경과 향이 진하지 않은 무난한 맛의 로컬 음식을 먹기에 좋다. 한국어 메뉴판이 있고, 먹는 방법도 친절하게 한국어로 안내되어 있어 편리하다.

## 🍽 분위기 좋은 시푸드 레스토랑
# 코스타 시푸드 Costa Seafood

주소 36 Trần Phú, Lộc Thọ, Thành Phố Nha Trang  위치 향 타워에서 도보로 약 6분, 코스타 레지던스 1층  시간 06:30~22:00(브레이크 타임14:00~17:00) 가격 160,000동(튀긴 해산물 짜조 4p), 200,000동(볶음밥), 200,000동(코스타 시푸드 샐러드), 500,000동(게살 & 제비집 스프), 1,200,000동(머드 크랩)  홈페이지 costaseafood.com.vn 전화 0258-3737-777

나트랑 비치 건너편 쩐푸 로드 중간에 위치한 코스타 시푸드는 나트랑에서 일찍부터 알려진 시푸드 레스토랑이다. 분위기와 인테리어가 고급 레스토랑 같으며, 내부 시설과 서비스를 감안하면 가격은 합리적인 편이다. 가리비, 새우, 랍스터 등 싱싱한 해산물을 다양한 메뉴로 제공하는데 중국식 메뉴도 있다. 랍스터보다는 새우나 머드크랩 요리가 인기가 있으며, 2인 기준으로 새우 요리 1개와 해산물 짜조, 볶음밥을 주문하면 충분하다. 분위기 좋은 곳에서 싱싱한 해산물 요리가 먹고 싶은 여행객에게 추천한다.

144

### 나트랑 3대 쌀국수 맛집
## 퍼 홍 Pho Hồng

주소 40 Lê Thánh Tôn, Tân Lập, Thành Phố Nha Trang  위치 향 타워에서 도보로 약 8분, 빈컴 플라자 르탄톤 로드(Lê Thánh Tôn) 지점에서 도보로 약 2분  시간 06:00~22:30  요금 60,000동(대[To Lon]), 55,000동(소[To Nho])  전화 0258-3512-724

퍼Pho는 베트남 쌀국수를 말한다. 퍼 홍은 가게 이름처럼 소고기 쌀국수만을 취급하는 로컬 식당이다. 쌀국수 단일 메뉴로 식당 주인의 자부심을 느낄 수 있으며, 사이즈별로 금액이 다르다. 쌀국수에는 살짝 익힌 소고기가 얹어져 나오고 숙주와 상추 등 야채가 함께 나온다. 진한 국물에 소고기를 익혀 부드러운 쌀국수와 먹으면 되는데 한국에서 먹는 쌀국수와는 육수의 깊이가 다르다. 테이블 위에 있는 소스를 덜어 소고기를 찍어 먹으면 맛이 풍부해진다. 식당 앞에 늘어선 오토바이가 현지 맛집임을 증명한다. 식당은 아침 일찍부터 열지만, 에어컨이 없어 낮에는 더우니 선선한 저녁 시간에 방문할 것을 추천한다.

### 2천원으로 즐기는 쌀국수
## 퍼 박당 Phở Bạch Đằng

주소 03 Ngô Thời Nhiệm, Tân Lập, Thành Phố Nha Trang, Khánh Hòa  위치 향 타워에서 도보로 약 12분, 레인포레스트에서 도보 2분  시간 08:00~11:30, 16:30~21:00  가격 40,000동(쌀국수 대[To Lon]), 30,000동(쌀국수 소[To Nho]), 25,000동(과일주스)  전화 098-848-9426

단돈 2천원으로 소고기 쌀국수를 즐길 수 있는 곳이다. 인상 좋은 주인 아주머니가 만들어 주는 소고기 쌀국수는 한 그릇을 끝까지 비울 때까지 젓가락을 놓을 수 없다. 국물이 진하고 깔끔해 한국인 입맛에 잘 맞는다. 쌀국수를 주문하면 둥근 면인 분Bun과 넓은 면인 퍼 Pho 중에서 선택할 수 있는데 퍼가 국물과 더 잘 어울린다. 베트남식 닭고기 덮밥인 껌가Com Ga도 있지만 쌀국수가 대표 메뉴다. 아침과 저녁 시간에만 운영하고 오전 11시 30분부터 오후 4시 30분까지는 브레이크 타임이기 때문에 영업 시간을 잘 확인하고 방문하자.

## 🍽 분짜 맛집
곡 하노이 Cơm nhà Góc Hà Nội

주소 142 Bạch Đằng, Tân Lập, Nha Trang  위치 나트랑 야시장에서 도보 6분 시간 11:00~21:00(브레이크 타임 14:00~17:00) 가격 45,000동(분짜 하노이), 75,000동(분짜 넴랜), 50,000동(모닝글로리)  홈페이지 www.facebook.com/comnhagochanoi/ 전화 0258-3511-522

2013년에 오픈한 분짜 맛집으로 베트남 여성분이 오너이며 오너의 남동생이 매니저 역할을 하고 있다. 커다란 시베리안 허스키가 이 식당의 마스코트로, 인증샷을 찍는 손님도 많다. 1층으로 되어 있으며 야외석이 대부분이고 에어컨은 없다. 인기 메뉴로는 분짜, 모닝글로리, 계란볶음밥이 있으며 메뉴판에 영어 표기 및 사진이 있어 주문하기도 편리하다. 살짝 간이 세게 느껴질 수도 있으니 처음에는 소스를 조금만 묻혀서 맛보길 추천한다. 현지인은 물론 한국인들 사이에서도 유명세를 점점 타고 있다.

## 🍽 베트남 전통 가옥에서 즐기는 정통 베트남 요리
랑응온 Lang Ngon

**본점** 주소 75A Nguyễn Thị Minh Khai, Nha Tran 위치 항 타워에서 나트랑 시내 안쪽 응우옌 티민 카이(Nguyễn Thị Minh Khai) 도로를 따라 도보로 약 10분 시간 10:30~21:30(브레이크 타임 14:00~16:00) 가격 79,000동(반쎄오), 99,000동(소고기 쌀국수), 69,000동(모닝글로리볶음), 135,000동(고이꾸온 4조각), 205,000동(새우구이 4마리) 홈페이지 langngon.com 전화 0913-504-319, 0905-120-668

**분점** 주소 Tầng 4, Vincom Center 44~46 Lê Thánh Tôn, Nha Trang 위치 항 타워에서 도보로 약 5분, 빈컴 플라자 르 탄톤 로드점 4층 시간 09:30~22:00

베트남은 북부 하노이부터 남부 호찌민까지 각 지역별로 특색있는 음식이 발달하였다. 랑응온 레스토랑은 이렇게 다채로운 베트남 음식들을 전문적으로 취급하는 레스토랑이다. 본점은 약 900평의 넓은 부지에 베트남 북부 마을같이 정원을 꾸며두었고, 바나나잎과 바구니, 색색의 도자기 그릇 등 각종 소품으로 분위기를 내 먹는 즐거움에 보는 즐거움까지 준다. 2016년 오픈 이후로 지속해서 레스토랑을 확장하고 있으며 기본 메뉴만 300여 가지가 넘는다. 쌀국수, 반쎄오 등의 스트리트 푸드가 지겹거나 베트남의 지역별 대표 음식을 한자리에서 맛보고 싶다면 방문해보자. 음식의 맛과 분위기는 고급 레스토랑 못지않으나 음식 가격은 로컬 식당보다 살짝 높은 수준이라 가성비가 좋다. 주말 저녁이나 베트남 명절에는 현지인들이 많아 예약하고 가는 것을 추천한다.

🍴 통통 튀는 아이디어로 눈과 입이 즐거운 레스토랑

## 놈놈 Nôm Nôm

주소 73/16 đường Trần Quang Khải, Lộc Thọ, Nha Trang  위치 나트랑 시내 남쪽, 밀리터리 87 병원 근처  시간 08:00~22:00  가격 55,000동(코코넛 새우), 80,000동(플라잉 누들), 260,000동(씨푸드 플레이트), 260,000동(고기 플레이트)  홈페이지 nomnomnhatrang.com  전화 070-225-2028

놈놈은 베트남어로 맛있다는 뜻의 의성어다. 퓨전 아시아 음식을 선보이는 가게로 팟타이, 피자, 파스타부터 디저트류까지 메뉴가 다양하다. 외부 테라스가 식물로 꾸며져 있어 정원에서 식사하는 느낌이 들고 사진이 예쁘게 찍히기 때문에 저녁 시간에는 실내석보다 테라스석이 인기가 많다. 해외여행 경험이 많은 주인의 영향이 음식에 반영되었으며, 직원들도 영어를 잘하는 편이다. 면이 공중에 떠 있는 모양의 플라잉 누들Mi Bay이 대표 메뉴인데 맛도 좋지만, 공중에 면이 공중에 떠 있는 재미있는 플레이팅이 인상적이다. 현지인 맛집이라기보다 여행객에게 인기가 많은 식당이다. 골목 안쪽에 있고 간판이 작아 입구를 잘 찾아가야 한다.

## 🍽 그릴에 직접 구워주는 BBQ
# 리스 그릴 Lee's Grill

주소 ACC(Quân đội), Lô 42 TT2 K98, Nha Trang  위치 나트랑 시내 중간, 강남 스파 근처  시간 12:00~22:30
가격 1,500,000동(랍스터 그릴 ), 700,000동(해산물 콤보, 2인 기준), 550,000동(바베큐 스페셜, 2인 기준),
250,000동(고기 모듬 꼬치구이), 20,000동(콜라)  홈페이지 www.leesgrill.co.kr  전화 0258-3523-009

한국인들 사이에 유명한 리스 그릴은 나트랑의 대표적인 BBQ 레
스토랑 중 한곳이다. 바비큐 굽는 연기가 나서 멀리서도 쉽게 알
아볼 수 있으며 맛있는 냄새로 지나가는 사람들의 발길을 멈춰 세
운다. 입구에 넓은 그릴이 있어 굽는 모습을 볼 수 있다. 레스토랑

오너가 한국 사람이라서 바비큐립 뿐만 아니라 다양한 꼬치류와
김치 볶음밥 등의 간단한 한국 음식도 있고 반찬으로 김치도 나온
다. 음식의 향이 강하지 않아 부담 없이 즐길 수 있으나, 대표 메뉴
인 바비큐립은 식사라기보다는 맥주와 곁들이기에 더 좋다. 식당
의 구조는 총 2층으로 되어있으며 규모가 커서 웨이팅이 있더라
도 금방 들어갈 수 있다. 오후 4시부터 6시까지 해피 아워로 전체
가격에서 20% 할인을 받을 수 있으니 참고하자.

# 이탈리안 레스토랑
## 올리비아 Olivia

주소 14 Trần Quang Khải, Lộc Thọ, Nha Trang  위치 향 타워에서 도보로 약 12분, 갈랑갈 레스토랑에서 도보로 약 5분  시간 10:00~22:00  가격 129,000동(까르보나라), 149,000(나폴리 피자), 119,000동(마르게리타 피자), 129,000동(피자 페퍼로니), 179,000동(연어 리조또), 69,000동(치킨 샐러드), 55,000동(호박 스프), 55,000동(믹스 주스), 25,000원(음료)  전화 0258-3522-752

나트랑의 대표적인 이탈리안 레스토랑이다. 홈메이드 소스로 만든 파스타와 직접 화덕에서 굽는 피자가 인기다. 싱겁게 먹는 사람에게는 조금 짜게 느껴질 수 있는데 정통 이탈리안 요리의 특징이다. 꾸덕꾸덕할 정도로 치즈가 진하게 들어 있는 까르보나라와 마르게리타 피자가 인기 메뉴이며, 양도 많고 입맛에 잘 맞는다. 에어컨이 있는 실내석과 정원처럼 가꾸어진 야외석이 있다. 가성비 좋은 이탈리안 레스토랑으로 유러피언들이 많이 찾는 곳이다. 피자는 포장이 가능하다.

# 베트남의 KFC
## 텍사스 치킨 Texas Chicken

주소 3 Lý Tự Trọng, Lộc Thọ, Thành Phố Nha Trang  위치 나트랑 쇼핑 센터 1층  시간 10:00~21:00  가격 135,000동(3콤보: 치킨3조각+콜라+코울슬로), 275,000동(패밀리 세트: 치킨 6조각+프렌치프라이+텐더 3조각+코울슬로+비스켓 2개), 88,000동(멕시카나버거 세트: 버거+콜라+프렌치프라이)  전화 090-588-3373

베트남에서 KFC보다 더 인기를 끌고 있는 치킨 패스트푸드점이다. 치킨 메뉴는 오리지널과 매콤한 스파이스 중에서 선택할 수 있어 어린아이와 함께 먹어도 부담이 없다. 닭의 크기가 한국보다 크고 특히 바삭한 식감이 좋다. 인테리어가 깔끔하고 내부에는 에어컨이 설치돼 있어 잠시 들려 간단하게 식사하면서 쉬어 가기 좋다. 매장 직원들이 영어도 잘하는 편이고 메뉴판도 사진으로 돼 있어 주문하기 편리하다. 무엇보다 그랩으로 배달도 되니 배달 가능한 지역에 머문다면 야식으로 시켜먹을 수도 있다.

## 🍴 홈메이드 퓨전 러시아 요리
### 알파카 홈스타일 카페 Alpaca Homestyle Café

주소 10/1B Nguyễn Thiện Thuật, Lộc Thọ, Thành Phố Nha Trang  위치 향 타워에서 도보로 약 8분, 빈컴 플라자 르탄톤 로드 지점에서 도보로 약 5분 소요  시간 08:00~21:30  휴무 일요일  가격 55,000동(아메리카노), 60,000동(카푸치노), 65,000동(카페라테), 110,000동(치킨 부리또), 75,000동(토스트와 잼)  전화 098-869-80-68

러시아인 부부가 운영하는 가게로 이름과 걸맞게 홈스타일 인테리어가 돋보이는 카페다. 내부에는 아기자기한 소품과 알파카 그림 등이 적절히 배치돼 있어 잘 꾸며 놓은 이웃집에 방문한 것 같은 편안한 느낌을 준다. 2층으로 이루어져 있고 예쁜 야외 테라스도 있지만, 에어컨이 없어 더운 날에는 낮보다 저녁에 가는 것을 추천한다. 알파카 홈스타일 카페는 간단한 아침 식사부터 파스타, 멕시칸 요리까지 다양한 메뉴가 있으며, 음료도 커피와 차뿐만 아니라 와인, 맥주, 양주도 함께 판매하고 있다. 영어에 자신이 없는 사람들을 위한 그림 메뉴판도 준비해 놓는 주인의 섬세함도 볼 수 있다. 아기자기한 인테리어와 예쁘게 플레이팅 돼 나오는 요리 덕분에 사진을 찍기에도 좋다.

# 정통 미국식 훈제 BBQ
## 리빈 콜렉티브 LIVIN Collective

주소 77 Bạch Đằng, Tân Lập, Thành Phố Nha Trang, Khánh Hòa  위치 향 타워에서 도보로 약 11분, 레인포레스트에서 도보 5분  시간 11:00~22:00  휴무 일요일  가격 500,000동(비프립 S), 400,000동(폭립 Half), 200,000동(닭다리 또는 소시지), 210,000동(베이컨 체다 버거), 150,000동(사우스웨스트 치킨 샐러드), 80,000동(생맥주), 20,000동(음료)  홈페이지 livincollective.com  전화 091-863-83-49

전통 미국식 바비큐 립과 스테이크 전문점이다. 식당 주인이 베트남계 미국인이라서 미국식 바비큐에 대한 조예가 깊으며 음식에 대한 자부심이 강하다. 훈제 바비큐는 나무로 직접 구워 내 고기가 부드럽고 양도 많다. 훈제된 고기는 4가지 맛의 특제 소스와 함께 제공되어 한 접시로 다양한 맛을 동시에 즐길 수 있다. 바비큐와 잘 어울리는 다양한 종류의 생맥주와 샐러드도 있다. 바비큐 고기로 만드는 수제 햄버거는 육즙이 풍부한 정통 버거로 점심시간에 찾는 사람들이 많다. 인테리어도 미국으로 이국적인 분위기가 난다. 식당 내부 곳곳에는 잘 알려지지 않은 베트남 현지 예술가들의 작품이 전시돼 있으며 위탁 판매도 하고 있다. 직원들이 영어를 잘하고 친절한 편이라 주문하기 어렵지 않다. 모두 야외석이라 더운 게 단점이다. 저녁 시간에는 사람이 많아서 줄을 서는 경우가 많다.

## 🍴 분위기 좋은 퓨전 레스토랑 겸 카페
### 루남 비스트로 Runam Bistro

주소 32-34 Trần Phú, Lộc Thọ, Nha Trang  위치 향 타워에서 도보로 약 6분, 인터컨티넨탈 호텔 1층  시간 08:00~23:00  가격 148,500동 (소고기 쌀국수), 291,500동 (해산물 볶음밥), 214,500동 (치킨 볶음밥), 93,500동 (망고 주스), 82,500동 (블랙커피)  전화 0258-3523-186

나트랑 외에도 하노이, 호찌민, 다낭에도 지점이 있는 카페 겸 식당이다. 루남 비스트로는 베트남 중부 고지대의 농장에서 재배한 최고급 원두를 사용하여 블랜딩한 질 좋은 커피 제품을 생산하는 회사이기도 하다. 가게 내부는 높은 천장과 엔티크한 분위기의 인테리어가 눈길을 끈다. 루남 비스트로는 간단한 핑거푸드와 퓨전 베트남 음식을 판매하는데, 베트남 물가에 비해 가격이 조금 비싼 편이다. 이곳에서 판매하는 커피 필터 핀Phin은 루남 비스트로의 대표 기념품으로 이 핀을 사기 위해 오는 사람들도 많다. 커피, 원두, 커피잔 등 로고 제품도 함께 판매한다.

# 랍스터 무제한 시푸드 뷔페
## 응온 갤러리 레스토랑 Ngon Gallery Restaurant

주소 Citadines Bayfront, 2nd Floor, 62 Trần Phú, Lộc Thọ, Thành Phố Nha Trang  위치 향 타워에서 도보로 약 7분, 시타딘스 베이프런트 호텔 2층 시간 17:00~22:00 가격 랍스터 무제한 시푸드 뷔페: 1,250,000동(성인), 650,000동(아동, 키 100~129cm), 무료(유아, 키 100cm 미만)  홈페이지 ngongallery.com  전화 024-7102-2666

시타딘스 베이프런트 호텔 2층에 위치한 응온 갤러리는 매일 시푸드 뷔페를 운영한다. 흔한 해산물 재료도 다양한 조리 기법을 사용해 풍성한 퓨전 요리를 제공하여 해산물을 좋아하는 사람들에게 만족도가 높은 편이다. 특히 추가 요금을 내면 랍스터를 무제한으로 주문할 수 있다. 랍스터는 블랙페퍼, 칠리, 치즈 3가지 맛 중 선택할 수 있으며, 무제한 이용 시 먹고 또 주문하면 리필해 주는 방식이다. 랍스터 외에도 샐러드 뷔페는 해산물뿐만 아니라 세계 다양한 음식들을 세심하게 준비해 두었다. 매일 저녁 라이브 공연도 하기 때문에 식사 분위기가 굉장히 고급스럽다. 늦은 시간까지 운영하지만 여유 있게 식사하기 위해서 오후 9시 전까지 가는 것이 좋다. 시푸드 뷔페만으로도 충분한 식사가 되지만, 추가 요금을 지불하고 랍스터 무제한 뷔페를 이용하는 것을 추천한다. 베트남 물가에 비해 비싸지만 한국 물가를 생각한다면 랍스터 무제한 가격이 꽤나 합리적이기 때문이다. 여행사를 통해 예약하면 할인받을 수 있으니 방문하기 전 할인 프로모션을 찾아 보자.

### 미국식 수제 햄버거
# 캑터스 보고소브 멕시칸 푸드 Cactus Bogosov Mexican Food

주소 176 Hùng Vương, Lộc Thọ, Nha Trang 위치 나트랑 시내 중간, 리버티 센트럴 호텔 근처 시간 11:00~23:00 가격 162,000동(멕시칸 버거), 120,000동(치킨 버거), 380,000 동(립아이 스테이크), 30,000동(음료) 홈페이지 bogosov.com 전화 090-580-69-05

시내 중심에 있는 보고소브 버거는 원래 스테이크를 메인 메뉴로 하는 식당이지만 수제 버거집으로 더 유명하다. 붉은 벽돌과 나무 의자로 꾸며진 가게는 가볍게 맥주 한잔하기 좋은 미국식 펍 느낌이다. 인테리어 분위기답게 미국식 정통 스테이크 하우스로 립아이, 티본 스테이크, 필렛 미뇽까지 다양한 스테이크를 판매한다. 단 스테이크의 가격대가 한국과 비슷해서 현지 물가 대비 비싼 편으로 스테이크 대신 가성비 좋은 버거류가 더 인기이다. 버거의 고기는 주문과 동시에 숯불 그릴에 구워져 불향이 그대로 전해지며 스테이크처럼 굽기 조절이 가능하여 취향대로 주문할 수 있다. 혼총곳에서 아미아나 방향 팜반동 로드에 2호점이 있다.

### 현지인들에게 더 유명한 시푸드 레스토랑
# 동호콴 Nhà hàng Đông Hồ

**1호점** 주소 79 Phạm Văn Đồng, Vĩnh Hải, Nha Trang 위치 나트랑 시내에서 아미아나 리조트 방향 시간 11:00~22:00 가격 1,950,000동(왕새우구이, 800~900g 기준), 90,000동(맛조개 마늘볶음), 90,000동(가리비 버터마늘구이), 110,000동(새우튀김), 110,000동(해산물 볶음밥), 12,000동(비어 사이공) 전화 097-419-0444

**2호점** 주소 79 Đường Phạm Văn Đồng, Cam Hải Tây, Cam Lâm 위치 깜란 롱비치 근처

여행객보다 나트랑 현지인들 사이에서 더 유명한 시푸드 레스토랑으로, 깔끔한 내부와 저렴하고 싱싱한 해산물로 늘 사람이 많다. 해산물부터 베트남 요리까지 모두 가능하며, 포장과 배달도 된다. 공심채볶음, 새우구이, 맛조개볶음, 해산물 국수, 볶음밥이 나오는 4인 세트 메뉴가 88만 동으로 저렴한 편이다.

# 지중해식 플래터 한상
## 믹스 그릭 레스토랑 Mix Greek Restaurant

주소 181 Nguyễn Thiện Thuật, Tân Lập, Nha Trang  위치 나트랑 시내 중간, 마담 프엉 맞은편  시간 12:00~21:30 (브레이크 타임 14:30~17:00)  휴무 수요일  가격 190,000동(비 프버거), 140,000동(크림 스파게티), 550,000동(믹스 시푸드 2인), 30,000동(음료)  홈페이지 www.facebook.com/mixrestaurant.nhatrang  전화 0359-459-197

믹스 그릭 레스토랑은 그리스 지중해 음식을 맛볼 수 있는 레스토랑이다. 가격 대비 양이 푸짐하기로 유명하며 대중적인 맛으로 호불호가 없다. 대표 메뉴로는 믹스 시푸드와 믹스 미트가 있는데, 믹스 시푸드는 넓은 플래터에 가리비, 새우, 생선구이, 오징어 튀김 등이 있다. 믹스 미트는 세 종류의 고기와 소시지, 빵 등이 함께 나온다. 양도 푸짐하여 2인분을 서너 명이 함께 먹어도 될 정도다. 다섯 가지의 소스가 함께 나와 골라 먹는 재미가 있다. 또한 채식주의자를 위한 믹스 메뉴도 있어 레스토랑 주인의 세심한 배려를 엿볼 수 있다. 지중해식 파스타와 샐러드는 가볍게 점심으로 먹기에 부담이 없다. 그린톤의 인테리어가 지중해의 어느 해변에 있는 듯한 분위기를 자아낸다. 시내 한가운데 위치하고 있어 접근성이 좋아 찾아가기 쉽다. 성수기 저녁에 예약 없이 방문하면 오래 기다릴 수 있으니 예약을 미리 하고 가는 것이 좋다. 여행 중 베트남 현지식 말고 다른 색다른 음식을 먹고 싶을 때 들러 보자.

# 쌤러 타이 레스토랑 Sam Lor Thai Restaurant

주소 76 Đống Đa, Tân Lập, Nha Trang   위치 항 타워에서 도보 8분   시간 11:00~22:00(브레이크 타임 14:00~17:00)   가격 60,000동, 125,000동, 125,000동(쏨땀), 105,000동(파인애플해산물볶음밥)   홈페이지 www.facebook.com/nhahangthaituktuknhatrang/   전화 093-188-72-89

2020년에 오픈한 타이 레스토랑으로 원래는 뚝뚝 레스토랑이라는 이름을 사용하였으나 '쌤러'로 개명하였다. 입구에서 실내를 바라보면 유리창을 통해 보이는 쌤러(태국의 교통수단)가 인상적이다. 현지인들에게 아주 인기가 많으며 태국 전통 복장 차림의 직원들은 영어도 잘하고 아주 친절하다. 3층 건물로 3층은 요리하는 장소이고 1층과 2층에서 식사를 할 수 있다. 모두 실내석으로 에어컨 시설이 잘 갖추어져 있으며 가족·친구·커플 구분 없이 다양한 고객이 방문을 한다. 인기가 많은 메뉴로는 메기튀김 & 망고 샐러드 Deep fried cat fish with mango salad(90,000동), 돼지목살구이Grilled pork neck(105,000동), 매운 돼지 갈비탕spicy jumbo pork ribs soup(245,000동)가 있다.

# 갈랑가 오너의 새로운 맛집
## 바또이 레스토랑 Tiệm Cơm Bà Tôi

주소 Đường Đống Đa 68/4, Nha Trang 위치 향 타워에서 도보 9분 시간 10:00~21:00(브레이크 타임 14:00~17:00) 가격 99,000동(콤보 세트), 78,000동(짜조), 57,000동(반쎄오) 홈페이지 www.facebook.com/tiemcom.batoi/ 전화 0258-3515-118

나트랑의 유명한 맛집인 갈랑가 레스토랑의 오너가 2021년 6월에 새롭게 오픈한 베트남 레스토랑이다. 2층 구조로 되어 있으며 에어컨은 없다. 식당 내부는 파스텔 톤의 벽과 다양한 액자 및 소품을 이용하여 베트남스럽고 산뜻한 분위기를 자아내며 사진을 찍어도 꽤 멋지게 나온다. 할머니의 집이라는 뜻을 가진 바또이 식당은 직원들이 친절하며 영어 실력도 괜찮은 편이다. 메뉴판도 영어 표기와 사진이 함께 있어 주문하기 편하며 음식 맛도 훌륭하다. 쌈러 타이 레스토랑과 인접해 있다(100m 거리).


# 현지인들 사이에서 유명한 레스토랑
## 옷히엠 레스토랑 Ớt Hiểm Vietnamese Kitchen

**1호점** 주소 39 Đ. Hoàng Hoa Thám, Xương Huân, Nha Trang 위치 나트랑 센터에서 도보 6분 시간 10:00~22:00 가격 145,000동(오징어튀김), 195,000동(소고기 후추볶음), 18,000동(공깃밥), 205,000동(매운 육수 소고기 샤부샤부 Bò Nhúng Ớt Hiểm) 홈페이지 www.facebook.com/nhahangothiem 전화 0258-6500-008

**2호점** 주소 43 Nguyen Thi Minh Khai Street 위치 레갈리아 골드 호텔 바로 옆

현지인들에게 인기가 많은 베트남 식당으로 나트랑 센터 인근의 1호점에 이어 2022년 6월 나트랑 시내 레갈리아 골드 호텔 바로 옆에 2호점이 오픈하였다. 베트남 전통 인테리어와 함께 여유로운 공간 활용으로 편하게 식사를 할 수 있으나, 에어컨이 없으니 가급적이면 저녁 시간에 방문하는 게 좋다. 메뉴판에 베트남어와 영어가 함께 기재되어 있지만 좀 어렵다면 직원에게 한글 메뉴를 보여 달라고 하면 스마트폰으로 한글 메뉴를 보여 준다. 공깃밥은 양이 아주 많으니 2인이 가도 하나만 주문하면 된다. 오징어 요리, 모닝글로리, 매운 육수 소고기 샤부샤부 Bò Nhúng Ớt Hiểm가 인기가 많다.

## 🍴 칼칼한 김치찌개가 생각날 때
# 김치 식당 Kimchi Restaurant

주소 82 Huỳnh Thúc Kháng, Tân Lập, Thành Phố Nha Trang  위치 항 타워에서 도보로 약 10분, 쏨모이 시장 근처  시간 09:00~21:30  가격 150,000동(삼겹살), 150,000동(제육볶음), 130,000동(김치찌개), 360,000동(부대찌개 3인), 400,000동(돼지족발)  전화 0258-3512-357

나트랑의 오래된 한식당 중 하나로 쏨모이 시장 입구 건물 2층에 있다. 입구가 작아서 찾기 어려울 수 있으나 내부는 넓고 쾌적하다. 칼칼한 김치찌개는 한국에서 먹던 맛과 비슷하고 반찬도 정갈하게 나온다. 이곳의 인기 메뉴는 김치찌개인데 한국 사장님이 직접 담근 김치로 만들기 때문에 진하고 칼칼한 것이 특징이다. 베트남 음식이 입에 맞지 않거나 한국 음식이 생각날 때 가볼 만한 곳이다.

## 🍴 베트남에서 소문난 한식 맛집
# 고구려 Goguryeo

주소 골드코스트점 6층, 1 Trần Hưng Đạo, Lộc Thọ, Nha Trang  위치 나트랑 센터 바로 옆  시간 09:00~22:00  가격 890,000동(소고기 콤보), 499,000동(돼지고기 콤보), 140,000동(돌솥비빔밥), 160,000동(차돌된장찌개)  홈페이지 www.facebook.com/GoguryeokoreanBBQ.vn/  전화 093-442-15-29

베트남에서 유명한 한식당으로 2012년 9월 호치민을 시작으로 2018년 1월 다낭, 2019년 12월 나트랑 1호점과 2021년 4월 나트랑 2호점을 오픈하였다. 2022년 9월에는 비어 바(그랑프리 아이스 비어, 영업 시간 17:00~02:00)를 오픈해서 얼음 맥주를 제공하고 있다. 식기세척기 등을 이용한 청결함이 돋보이고, 최고의 음식 맛을 내기 위한 오너 부부의 꾸준한 메뉴 및 음식 맛 관리가 이어져 베트남에서 맛집으로 꾸준한 인기를 얻고 있다. 골드코스트점은 테이블 24개, 룸 6개가 갖추어져 있으며 간단한 식사부터 단체 회식까지 모두 가능하고 한국어를 잘하는 베트남 직원이 있다. 인테리어는 한국의 전통적인 디자인과 모던함, 그리고 깔끔함이 혼합된 느낌이고 나트랑 센터 바로 옆에 위치해 있기에 쇼핑 후 방문해서 식사를 하기에도 편리하다.

## 삼겹살이 맛있는 한식당
# 고려 한국관 Nhà Hàng Korea Hàn Quốc BBQ

주소 29 Tô Hiến Thành, Tân Lập, Thành Phố Nha Trang  위치 향 타워에서 도보로 약 10분, 르모어 호텔 인근
시간 11:00~22:00 가격 200,000동(삼겹살), 300,000동(갈비살), 300,000동(제육볶음), 120,000동(김치찌개),
120,000동(소주) 전화 0258-3513-268

삼겹살, 불고기 등 고기가 메인 메뉴인 한식
고깃집이다. 식당은 2층으로 돼 있는데 1층과
2층 모두 에어컨이 있고 2층에는 단체 관광객
들을 위한 룸도 있다. 고려 한국관의 대표 메
뉴는 삼겹살로 고기의 질도 좋고 반찬도 정갈
하게 나온다. 시설 또한 한국의 고깃집처럼 잘
돼 있어 한국적인 느낌이 난다. 쏨모이 시장
근처에 있어 찾아가기 쉽다.

## 무제한 삼겹살로 유명한 한식당
# 미성 MI SUNG

주소 134 Bạch Đằng, Tân Lập, Nha Trang  위치 나트랑 시내 르모어 호텔에서 도보 2분 시간 09:00~22:00 가
격 250,000동(무제한 삼겹살), 190,000동(갈비탕), 200,000동(제육볶음) 전화 0258-6524-477 카카오톡 ID
natrangmisung

한국인 부부가 부산에서 3개의 직영 식당을 운영하다 2019년 나트랑으로 와서 오픈한 한식당이다. 2층
건물로 1층에는 일반 테이블이 있으며 2층에는 3개의 룸이 있고 최대 30인까지 회식이 가능하다. 인삼,
한복 등 한국적인 소품들이 꾸며져 있으며 특히 사람 키만 한 인삼 인형이 눈길을 끈다. '한국의 맛을 나트
랑에 그대로!'라는 식당 운영 철학답게 사모님이 직접 주방에서 요리를 하신다. 많은 메뉴가 있지만 특히
삼겹살과 무제한 삼겹살이 인기가 많다. 아침에 들어온 고기를 급랭해서 사용하여 신선함을 유지하고 있
다. 냉면과 돼지국밥도 별미이다. 인기 카페인 CCCP 커피가 근처에 있어서 식사 후 방문하기 좋다.

## 쾌적한 분위기에서 즐기는 한국의 맛
### 제주가 JEJUGA

주소 171(131 số cũ) Nguyễn Thị Minh Khai, Phước Hoà, Nha Trang   위치 향 타워에서 도보 10분   시간 09:30~21:30  가격 520,000동(양념소갈비), 180,000동(삼겹살), 260,000동(왕갈비탕), 280,000동(왕갈비육개장)  홈페이지 sites.google.com/view/jejuga171/home  전화 090-832-77-00

2019년에 오픈한 제주가는 식당 입구의 황금색 기와 모양 로고가 눈에 들어오며 한국 전통 기와집을 그대로 닮은 외관으로 한눈에도 한식당임을 알아볼 수 있다. 3층 건물에 200석 규모로 모던하고 깔끔하며 인삼주, 병풍, 한복, 부채 등으로 장식된 한국적인 인테리어가 돋보인다. 직원들은 예의가 바르고 친절하며 특히 한국어를 하는 직원이 있어 편리하다. 추천 메뉴는 고기류, 갈비탕과 육개장으로, 깔끔한 장소에서 한식을 먹고 싶다면 방문해 볼 만하다.

## 나트랑 한국식 중식당
### 예원 Yewon

주소 34 Trần Nhật Duật, Phước Hoà, Nha Trang   위치 향 타워에서 차로 약 7분, 안 카페에서 도보 5분   시간 11:00~21:00(브레이크 타임 15:00~16:00)  가격 160,000동(차돌박이 짬뽕), 160,000동(삼선 짬뽕), 250,000동(탕수육S), 600,000동(깐풍새우), 20,000동(콜라)  전화 0796-581-214  카카오톡 ID yewon8585

한국식 중식당 예원은 다낭에 본점을 운영하고 있다. 나트랑에 2호점을 열게 되어 이제는 나트랑에서도 자장면을 배달해서 먹을 수 있게 배달해 먹을 수 있다고 하니 생각만 해도 웃음이 나온다. 20만 동 이상 주문하면 배달이 가능하다. 나트랑 시내는 무료로 배달되며, 그 이외  지역은 차량 배달료 30만 동이 추가된다. 카카오톡으로도 주문이 가능해 굉장히 편리하다.

# 숙소에서 편하게 즐기는 배달 음식

나트랑에 있는 레스토랑과 한식당의 메뉴를 전화로 배달 시켜 먹을 수 있다. 족발부터 떡볶이, 치킨까지 다양한 음식 배달이 가능하다. 일정 금액 이상 주문하거나 약간의 배달비를 내야 하지만 맛집 음식을 숙소에서 편하게 맛볼 수 있는 장점이 있다. 비싼 리조트의 룸서비스에 질렸다면 배달 음식을 주문해 보자.

## • 그랩푸드 Grabfood

차량 콜 서비스 그랩에서 운영하는 음식 배달 서비스 앱이다. 그랩푸드 앱을 실행하고 원하는 레스토랑 이름으로 검색하면 배달 가능 메뉴와 요금이 나온다. 한국에서 사용하는 배달 서비스 애플리케이션과 사용 방법이 같아 어렵지 않게 주문할 수 있다. 앱에 카드를 등록해 놓으면 카드 결제도 편하게 할 수 있으며, 카드 이용이 어려운 경우에는 음식을 받을 때 현금으로 결제하면 된다. 나트랑 시내를 기준으로 기본 배달료는 약 15,000동(한화 약 750원)이고, 배달 시간은 평균 10분에서 20분 내외이다. 숙소에 따라 외부 음식 반입을 금지하는 곳도 있으니 미리 알아보고 이용하자.

## • 달인푸드

나트랑에서 가장 먼저 배달 서비스를 시작한 곳이다. 한국인이 운영하는 음식점으로 매장이 없고 배달만 한다. 떡볶이, 김밥 등의 분식부터 삼겹살, 죽까지 다양한 한국 음식을 배달해 준다. 음식은 대체적으로 맛있다는 평을 받는다. 주문은 전화와 카카오톡으로 가능하며, 전화 주문이 어렵다면 카카오톡 아이디를 친구 추가하여 주문하면 된다. 200,000동 이상주문해야 배달이 가능하다. 나트랑 시내는 배달료가 없고, 그 이외 지역은 차량 배달료 300,000동이 추가된다. 달인푸드는 저녁 11시 30분까지 주문이 가능해, 호텔 룸서비스가 마감된 이후에식사를 원하는 사람들이 이용하기 좋다. 현지 음식이 입에 맞지 않거나 한식을 좋아하는 여행객들에게도 인기가 많다.

시간 11:00~24:00  가격 $13(삼겹살 도시락), $12(닭강정), $5(국물 떡볶이), $6(김치찌개), $6(김치볶음밥), $4(마약 김밥), $4(아기 죽), $1(소프트 드링크), $5(소주), $2(맥주)  전화 088-609-2190  카카오톡 ID vfood

Notice 2023년 7월 현재 휴업 중이다. 사전에 운영 여부 확인하자.

푹롱_나트랑 센터점

하이랜드 커피

정글 커피

푹롱_응오 지아 투점

안 카페_3호점
안 카페_2호점

쯩우옌 레전드 카페

CCCP 커피

브이프롯

짱 타워

아이스드 커피

콩 카페

나트랑 비치

푹롱_빈컴 플라자점

# Cafe

## 카페

나트랑은 베트남 최대의 커피 산지인 달랏과 가깝고, 호찌민을 중심으로 형성된 커피 문화의 영향을 받아 도시 규모에 비해 카페가 많은 편이다. 베트남에서 유명한 커피 체인점을 비롯해 예쁜 로컬 카페들도 있어 SNS용 사진 스폿으로도 인기가 있다. 맛집 투어와 함께 카페 투어 역시 나트랑에서 빼놓을 수 없는 일정이다. 여러 카페를 들러 다채로운 풍미의 커피를 경험해 보자.

## 예쁜 화원에서 커피 한잔
## 정글 커피 Jungle Coffee Nha Trang

주소 8 Lê Quý Đôn, Phước Tiến, Nha Trang  위치 나트랑 대성당 인근  시간 06:00~22:00  가격 65,000동(코코넛커피), 55,000동(믹스베리), 40,000동(아메리카노)  홈페이지 www.facebook.com/junglecoffeenhatrang/ 전화 093-538-85-11

2017년에 오픈한 정글 커피에 들어서는 순간 마치 숲속으로 들어가는 듯한 느낌이다. 이름은 '정글'이지만 정글보다는 오히려 아기자기하고 예쁜 화원 같은 느낌을 준다. 테이블도 나무색과 초록색으로 되어 있고 은은한 조명과 편안하고 여유로운 분위기가 매력적이며 포토 스팟으로도 좋은 장소이다. 본점인 나트랑 외에 뚜이 호아Tuy Hòa에 지점이 있다. 외국인, 특히 유러피언들의 방문이 많으며 한국 사람들 사이에서도 서서히 입소문이 나고 있다. 1층과 2층 모두 실내와 실외 공간이 있고 실내에는 에어컨이 나온다. 인기 메뉴로는 믹스베리, 정글블랙커피, 아이스드모카가 있다. 직원들은 친절하고 영어도 잘하며, 분위기가 이색적이고 맛도 좋은 곳이니 한번 방문해 보자.

## G7 커피 회사에서 운영하는 카페
# 쯩우옌 레전드 카페 Trung Nguyên Legend Café

주소 148 Võ Trứ, Tân Lập, Nha Trang  위치 항 타워에서 도보로
약 11분, 르모어 호텔 인근  시간 07:00~22:00  가격 43,000동(카
페 쓰어다), 42,000동(에스프레소), 56,000동(캐러멜 마키아토)  전
화 091-379-6560

베트남에 다녀오면 꼭 사 오는 G7 커피. 그 커피의 제조 회사
이자 원두 재배 및 가공과 판매까지 하는 베트남 대표 커피 회
사 쯩우옌에서 운영하는 커피 전문점이다. 다른 커피 체인점
보다는 고급스러운 느낌이 있다. 쯩우옌 카페 중에서도 쯩우
옌 레전드 카페는 리저브Reserve 매장으로 질 좋은 원두로 내
리는 정통 베트남 커피를 맛볼 수 있어 커피 마니아라면 꼭 한번 방문해 보자. 커피 핀
Phin에 내려 주는 진한 쓰어다 커피는 좀 더 특별한 맛이다. 여행객보다 현지인들이 주

고객으로 커피뿐만 아니라 가볍게 먹을 수 있는 식사 메뉴도 있다. 1층 입구에는 쯩
우옌 회사에서 생산되는 원두와 커피믹스 등 커피 관련 제품을 판매하니 베트남 기
념품으로 구매해도 좋다.

## 카키와 블랙 컬러의 조화
# CCCP 커피 CCCP COFFEE

주소 22 Tô Hiến Thành, Tân Lập, Nha Trang  위
치 나트랑 시내 레갈리아 골드 호텔에서 도보 5분  시
간 06:00~23:00  가격 25,000동(아이스블랙커피),
45,000동(열대과일차), 48,000동(코코넛커피)  홈페이지
www.facebook.com/CCCP.Coffee.NhaTrang/  전화
090-328-59-73

2017년에 오픈하였으며 현재 나트랑과 하노이에
서 총 2개 지점이 운영 중이다. 러시아의 1917년 스
타일을 살려 카키색과 검정색을 메인 컬러로 사용하
였으며 거기에 나무들을 배치하여 최대한 청량한 분
위기를 느끼게 한다. 주로 현지인 사이에서 인기 있
지만, 한국인과 서양인들의 방문도 늘고 있다. 1층
건물로 실외와 실내 공간이 있으며 실내는 에어컨 시
설이 갖추어져 있어 시원하다. 실내 공간의 코너에
는 러시아와 관련된 사진 액자 등 소품들이 장식되어
있다. 대표 메뉴는 코코넛커피와 연유커피이다. 정
글 커피의 운영 철학은 '최대한 고객이 편하게'라고
하는데, 그래서인지 자리에 앉아 있으면 주문을 받으러 직원이 오고 음료가 나오
면 자리에 가져다준다

 **숲속 느낌의 자연친화적인 카페**
## 안 카페 AN Café

**2호점** 주소 24 Nguyễn Trung Trực, Tân Lập, Thành Phố Nha Trang  위치 향 타워에서 도보로 약 8분, 쏨모이 시장에서 도보로 약 5분  시간 06:30~22:00  가격 32,000동(블랙커피), 35,000동(밀크커피), 50,000동(카푸치노), 49,000동(오렌지 주스), 55,000동(망고 요거트), 55,000동(코코넛 스무디)  전화 091-8540-055

**3호점** 주소 10 Tô Hiến Thành, Tân Lập, Nha Trang  위치 향 타워에서 도보로 약 9분

쯩우옌 레전드 카페, 하이랜드 커피와 더불어 베트남 현지인들 사이에서 유명한 카페로 달랏에도 지점이 있다. 한국인에게는 레인포레스트가 유명하지만 안 카페는 현지인들에게 더 인기가 많다. 카페 입구에 빼곡히 주차된 오토바이가 그 인기를 실감하게 하는데 그래서인지 내부는 항상 만석이다. 전체적으로 나무 위에 지은 집을 연상하게 하는 안 카페는 자연 친화적인 인테리어로 마음을 편안하게 한다. 에어컨이 나오는 실내석이 넓게 마련돼 있으며 다양한 음료와 한 끼 식사를 위한 메뉴가 있다는 것이 특징이다.

## 아이스치노 커피로 유명한
# 아이스드 커피 Iced Coffee Simply Original

주소 2 Nguyễn Thị Minh Khai, Street, Nha Trang  위치 향 타워에서 도보로 약 5분, 콩 카페에서 도보로 약 3분  시간 06:30~22:30  가격 60,000동(아이치노 캐러멜), 39,000동(아메리카노), 55,000동(코코넛 아이스커피)  홈페이지 icedcoffee.vn 전화 0258-2460-777

이름에서 알 수 있듯이 오롯이 커피에만 집중하는 카페이다. 2012년부터 베트남 고산 지역에 약 2,000km²의 커피 농장에서 아라비카, 로브스타 등의 고급 커피 원두를 직접 재배하고 있다. 나트랑에만 4개 지점이 있고 호찌민과 하노이에 지점을 늘려가고 있다. 직영 농장에서 생산한 커피는 매주 로스팅하여 각 매장에 공수한다. 나트랑의 다른 카페들이 독특한 인테리어로 경쟁하는 것에 반해, 아이스드 커피는 세련되고 모던한 인테리어로 편안함을 제공한다. 맛이 쓰고 강한 베트남 커피가 맞지 않는 사람이라면 얼음을 갈아서 넣는 아이치노 커피를 추천한다. 아이스드 커피의 커피는 대체로 깔끔하고 무겁지 않은 맛이 특징이다.

## 현지인들이 좋아하는 카페
# 브이프룻 Kem Bơ Vfruit

주소 24 Tô Hiến Thành, Tân Lập, Nha Trang  위치 쌈러 타이 레스토랑 맞은편  시간 24시간  가격 40,000동(코코넛 아이스크림), 35,000동(아보카도 아이스크림), 35,000동(티라미수)  홈페이지 www.facebook.com/vfruit.vn 전화 090-526-89-10

1층은 연두색, 2층은 분홍색, 3~4층은 하얀색으로 되어 있는 4층 건물로 카페 앞의 큰 나무가 이색적이다. 1층에 개방형 주방이 있고 4층에는 소박한 바bar 형태의 좌석들이 갖추어져 있다. 에어컨이 없으니 한낮보다는 저녁 무렵 방문을 추천한다. 인기 메뉴는 아보카도 아이스크림과 코코넛 아이스크림이다. 코코넛 아이스크림은 아이스크림 위에 코코넛 속살을 얇게 잘라서 올려 주는데 아삭아삭한 식감과 달콤한 맛이 일품이며, 아보카도 아이스크림은 개인 취향에 따라 호불호가 나뉜다. 현지인들이 좋아하는 카페를 여행자로서 방문하는 재미를 느껴 보자.

 **코코넛 커피의 원조**
## 콩 카페 Cộng Cà Phê

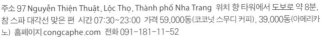
주소 97 Nguyễn Thiện Thuật, Lộc Thọ, Thành phố Nha Trang  위치 향 타워에서 도보로 약 8분,
참 스파 대각선 맞은 편  시간 07:30~23:00  가격 59,000동(코코넛 스무디 커피), 39,000동(아메리카
노)  홈페이지 congcaphe.com  전화 091-181-11-52

2007년 하노이에서 시작된 콩 카페는 베트남 카페의 상징이 되어버린 유명한 곳이다. 현재 한국에도 지
점이 있을 정도로 널리 알려져 있으며, 다낭처럼 유명한 관광지의 콩 카페에는 웨이팅이 있을 정도이다.
베트남 전쟁 당시 민간 군인을 '베트 콩Cộng'이라고 부른 데에서 착안해, 가게 이름을 지었고 빈티지 소품
을 이용해 가게 분위기도 80년대처럼 연출했다. 이 카페의 대표 메뉴는 코코넛 커피로 달달한 커피 위에
코코넛 슬러시를 올려주는데 커피가 진하지 않고 고소해 커피를 마시지 못하는 사람도 무난하게 먹을 수
있다. 이제 콩 카페는 지나다 들르는 카페가 아닌 '베트남에서 꼭 가봐야 하는 명소'이다. 레트로한 분위기
의 카페에서 코코넛 스무디 커피를 들고 SNS용 인증샷도 찍어 보자.

**베트남의 스타벅스**
# 하이랜드 커피 Highlands Coffee

주소 24 Trần Phú, Lộc Thọ, Thành Phố Nha Trang  위치 향 타워에서 도보로 약 9분, 나트랑 센터 쇼핑몰과 쉐라톤 호텔 중간  시간 07:00~22:00  가격 29,000동(아이스 연유 커피[핀 쓰어다 Phin Sua Da]), 29,000동(아이스 블랙커피[핀 덴다 Phin Den Da]), 39,000동(아이스 복숭아차), 39,000동(아이스 연꽃차[Golden Lotus Tea]), 45,000동(아이스 아메리카노), 19,000동~(반미[Banh Mi])  홈페이지 highlandscoffee.com.vn  전화 0258-3527-168

베트남 전역에 수백 개의 지점을 보유한 하이랜드는 가장 대중적인 베트남 카페 체인점이다. 하이랜드 커피에서 판매하는 커피는 베트남에서 생산된 원두를 사용한다. 하이랜드 커피는 베트남의 커피 필터인 핀Phin으로 핸드 드립해 만드는데, 카페 안으로 들어가면 수많은 핀Phin에서 내려지는 커피를 볼 수 있다. 베트남 정통 커피인 핀 커피는 에스프레소로 내린 커피에 비해 진하고 쓴맛이 특징이다. 베트남 연유 커피인 핀 쓰어다와 핀 카페가 하이랜드 커피의 대표 음료다. 또 케이크와 반미도 함께 판매하니 간단히 식사를 해결할 수도 있다. 나트랑 시내 곳곳에 있고, 쇼핑몰마다 입점되어 있어 현지인들의 약속 장소로 유명하다. 깜라인 공항, 고 나트랑, 롯데 마트, 빈컴 플라자에도 지점이 있다.

**커피와 차에 조예가 깊은 베트남 로컬 체인점**
# 푹롱 PHÚC LONG

`빈컴 플라자점` 주소 78-80 Trần Phú, Lộc Thọ, Thành Phố Nha Trang  위치 향 타워에서 도보로 약 11분, 빈컴 플라자 쩐푸 지점 1층  시간 07:00~22:00  가격 30,000동(블랙커피), 35,000동(연유커피), 45,000동(아이스 라테), 70,000동(베리베리 요거트), 65,000동(복숭아티)  전화 0258-3524-777(배달 1800-6779)

`응오 지아 투점` 주소 21 Ng. Gia Tự, Tân Lập, Nha Trang  위치 박탄(Bac Thanh) 성당과 쏨모이 시장 중간

`나트랑 센터점` 주소 Nha Trang Center, Trần Phú, Lộc Thọ, Nha Trang  위치 나트랑 센터 쇼핑몰 1층

1968년 베트남에서 차 산지로 유명한 바올록Bao Loc 지역에서 3개의 매장으로 시작해서 베트남 전역에 지점을 갖춘 베트남 카페 브랜드이다. 베트남 전통 커피 추출 방식인 핀Phin 커피에서부터 에스프레소 커피, 콜드 드립까지 다양한 커피와 차를 취급한다. 직접 커피 농장도 운영하며 생산부터 판매까지 하는 커피에 대한 조예가 깊은 기업이다. 차 생산지에서 시작한 카페답게 매장에선 다양한 차 제품을 판매하는데, 가격대비 품질이 좋아 기념품으로도 인기가 많다. 또, 차가 유명하니 밀크티 또한 인기 메뉴인데, 그중에서 우롱 밀크티를 추천한다.

포나가르 사원

고 나트랑

롯데 마트_나트랑점

용선사

빈컴 플라자_시우띠점

롯데 마트_골드코스트점

나트랑 센터쇼핑

빈컴 플라자_르탄똔 로드점

향 타워

로빈루스

K-마켓

빈컴 플라자_짠푸 로드점

# Shopping

## 쇼핑

나트랑에서는 명품이나 브랜드 상품을 구매하기보다는 기념품과 커피 등 베트남 특산품을 사는 경우가 많다. 시내에만 빈컴 플라자 두 곳과 나트랑 센터, 롯데 마트 등의 쇼핑몰이 있어 기념품은 물론이고 여행 중에 필요한 물품과 먹거리를 쉽게 구입할 수 있다. 특히 이런 대형 마트는 내부가 시원해 여행 중 더위를 피해 커피를 마시거나 식사를 하면서 쉬기 좋다.

## 🛒 나트랑 필수 쇼핑지
## 롯데마트 Lotte Mart

**나트랑점** 주소 Số 58 Đường 23/10, P, Thành Phố Nha Trang  위치 향 타워에서 차로 약 9분  시간 08:00~22:00  홈페이지 lottemart.com.vn  전화 0258-3812-522

**골드코스트점** 주소 01 Trần Hưng Đạo, Lộc Thọ, Nha Trang  위치 향 타워에서 차로 약 3분  시간 08:00~22:00  전화 0901-057-057

고 나트랑과 함께 나트랑의 대표적인 대형 할인 마트로, 우리에게도 익숙한 한국 할인 마트이다. '나트랑에서 꼭 사야 하는 것들', '관광객 인기 상품', '선물하기 좋은 상품' 등으로 상품 분류가 잘 되어 있고, 상품별 한국어 설명이 자세히 나와 있으며, 한국어가 가능한 직원도 있어 쇼핑하기 편하다. 무엇보다도 현지에서 필요한 물품을 사면서 선물 쇼핑도 한 번에 할 수 있어 좋다. 2층에는 환전소, 한식당, 푸드 코트, 1층에는 롯데리아와 함께 무료로 짐을 보관해 주는 서비스 센터가 있으니 출국하기 전 공항으로 가는 길에 방문하면 좋다. 만약 방문할 시간이 없다면, '스피드 롯데 마트' 앱을 이용하면 호텔로 배달도 된다.

 **나트랑의 대형 할인 마트**
## 고 나트랑 GO! Nha Trang

주소 Lô số 4, đường 19/5, Vĩnh Điềm Trung, Thành Phố Nha Trang  위치 향 타워에서 차로 약 11분  시간 08:00~22:00  홈페이지 go-vietnam.vn  전화 0258-3984-888

롯데 마트와 함께 나트랑의 대표적인 대형 할인 마트로 나트랑 시내에서 차로 15분 정도 떨어진 외곽에 위치한다. 마트가 시내와 멀어서 관광객보다는 공산품을 사러 온 현지인들이 많다. 할인 마트뿐만 아니라 메디케어Medicare약국, 롯데리아, 졸리비 등이 입점해 있어 간단한 식사와 쇼핑을 함께 할 수 있으며, 건물 맞은편에 공차도 있다. 입장 시, 가방이 있다면 로커에 맡겨 두고 들어가야 하는데 귀중품이나 지갑은 직접 들고 가는 것을 추천한다. 200,000동 이상 구입하면 배달도 된다(신선, 냉동식품 제외).

## 나트랑 최대 복합 쇼핑몰
### 빈컴 플라자 Vincom Plaza

**르탄톤 로드점** 주소 44-46 Lê Thánh Tôn, Lộc Thọ, Thành Phố Nha Trang **위치** 향 타워에서 도보로 약 9분, **시간** 09:30~22:00 **홈페이지** vincom.com.vn **전화** 0121-3841-987

**쩐푸 로드점** 주소 78-80 Trần Phú, Lộc Thọ, Thành Phố Nha Trang **위치** 향 타워에서 도보로 약 10분, 세일링 클럽 인근 **시간** 09:30~22:00 **전화** 098-6581-540

**시우띠점** 주소 60 Thái Nguyên, Phương Sài, Nha Trang **위치** 향 타워에서 차로 약 4분 **시간** 10:00~22:00 **전화** 0389-773-860

베트남 최대 리조트 그룹인 빈펄 그룹에서 운영하는 쇼핑몰로, 나트랑뿐만 아니라 하노이, 호찌민에도 지점이 있다. 나트랑에는 르탄톤 로드점, 시우 띠점과 시내 남쪽에 위치한 쩐푸 로드점이 있는데, 세 지점 모두 할인 마트인 빈 마트Vin mart 를 비롯해 푸드 코트, 키즈 카페, 영화관 등이 있어 쇼핑몰보다는 복합 문화 공간에 더 가깝다. 르탄톤 로드점 위에는 빈펄 엠파이어 콘도텔이 있어 편리한 시설을 함께 이용할 수 있다. 쩐푸 로드점에는 빈펄 비치프론트 콘도텔이 자리 잡고 있어 마찬가지로 이곳에서 숙박하면 쇼핑센터를 편리하게 이용할 수 있다. 빈컴 플라자에서 가장 인기 있는 곳은 다양한 식당과 카페도 있겠지만 그중 플레이 타임 키즈 클럽이 유명하다. 시원한 실내에서 아이들은 마음껏 놀 수 있고, 어른들은 장을 보거나 키즈 클럽과 가까운 카페에서 여유롭게 차 한잔하며 시간을 보내기 좋은 곳이다.

### 나트랑의 초대형 복합 쇼핑몰
# 나트랑 센터 Nha Trang Center

주소 20 Trần Phú, Lộc Thọ, Thành Phố Nha Trang  위치 향 타워에서 차로 약 3분, 쉐라톤 호텔에서 도보로 약 5분  시간 08:00~22:00  홈페이지 nhatrangcenter.com  전화 0258-6261-999

나트랑 시내의 큰 쇼핑몰 중 하나다. 나트랑 비치 북쪽에 위치해 있으며 나트랑 외곽에 있는 호텔들의 셔틀버스 정류장이라서 항상 사람이 붐빈다. 1층에는 롯데리아, KFC, 텍사스 치킨 등 패스트푸드점이 있고 주말에 문을 여는 남아 은행이 있어 여행객들이 환전하기에 편리하다. 컨버스, 지오다노 등 다양한 브랜드 숍들이 있지만 저렴한 편은 아니다. 3층에는 이온 시티 마트와 마사지 숍이 있다. 마트 이용객의 대부분이 여행객이라 마그넷, 부채, 젓가락, 공예품 등 기념품을 파는 코너가 잘 되어 있어 선물 사기에 편리하다.

| 층별 안내도 | | | |
|---|---|---|---|
| 1층 | 리바이스, 샘소나이트, 프린세스(주얼리), 사이공 펄(주얼리), 스케처스(신발), 나이키, 카파, 닥터마틴(신발), 부르주아(화장품), 남아NamA 은행(환전), 롯데리아, KFC, 텍사스 치킨, 카페 | 3층 | 이온Aeon 시티 마트, 코코넛 마사지 숍 |
| | | 4층 | 푸드 코트(식당가), 볼링장, 영화관 |
| 2층 | 사가 실크Saga Silk(의류), 비나 실크Vina Slik(의류), 지오다노, 컨버스(신발), 트라이엄프(속옷) 등 | 5층 | 다이아몬드베이 호텔, 서비스 아파트먼트 |

### 한국인이 운영하는 한국 슈퍼마켓
## K-마트 K-Mart

주소 124 Bạch Đằng, Tân Lập, Nha Trang  위치 향 타워에서 도보로 약 12분, 콩 카페에서 북쪽으로 도보 6분
시간 24시간 전화 090-593-0001

한국인이 운영하는 슈퍼마켓 겸 편의점이다. 같은 체인의 K-마켓도 나트랑 시내에 있었는데 지금은 폐업하고 K-마트만 남아 있다. 한국 라면이나 과자, 즉석조리 식품과 아이스크림 등 매장은 넓지 않지만 다양한 품목을 들여놓았다. 특히 소화제, 해열제 등 비상시에 필요한 한국 의약품을 비롯해 분유와 위생용품까지 입고해 두어서 급하게 필요한 경우에 이용하기 좋다. 기념품 등의 쇼핑을 위해 들르기보다는 여행 중에 필요한 물품이 있다면 롯데마트까지 가지 않아도 한국 제품을 구할 수 있어 편리하다.

### 세계적인 '시티 시리즈' 가방 브랜드
## 로빈 루스 Robin Ruth

주소 30B Nguyễn Thiện Thuật, Tân Lập, Thành Phố Nha Trang  위치 향 타워에서 차로 약 10분, 랜턴스 옆 시간 10:00~22:00 홈페이지 robin-ruth.com

2000년대 초 암스테르담에서 시작한 로빈 루스는 도시별 이름을 넣은 캔버스 백으로 유명한 브랜드이다. 지점이 나라와 도시 이름을 레터링한 호보백, 모자, 파우치 등을 판매하는데 가볍고 튼튼해서 실용적이라 기념품으로도 좋다. 뉴욕, 호놀룰루 등의 유명 도시가 레터링 된 상품은 품절될 정도로 인기가 많다.

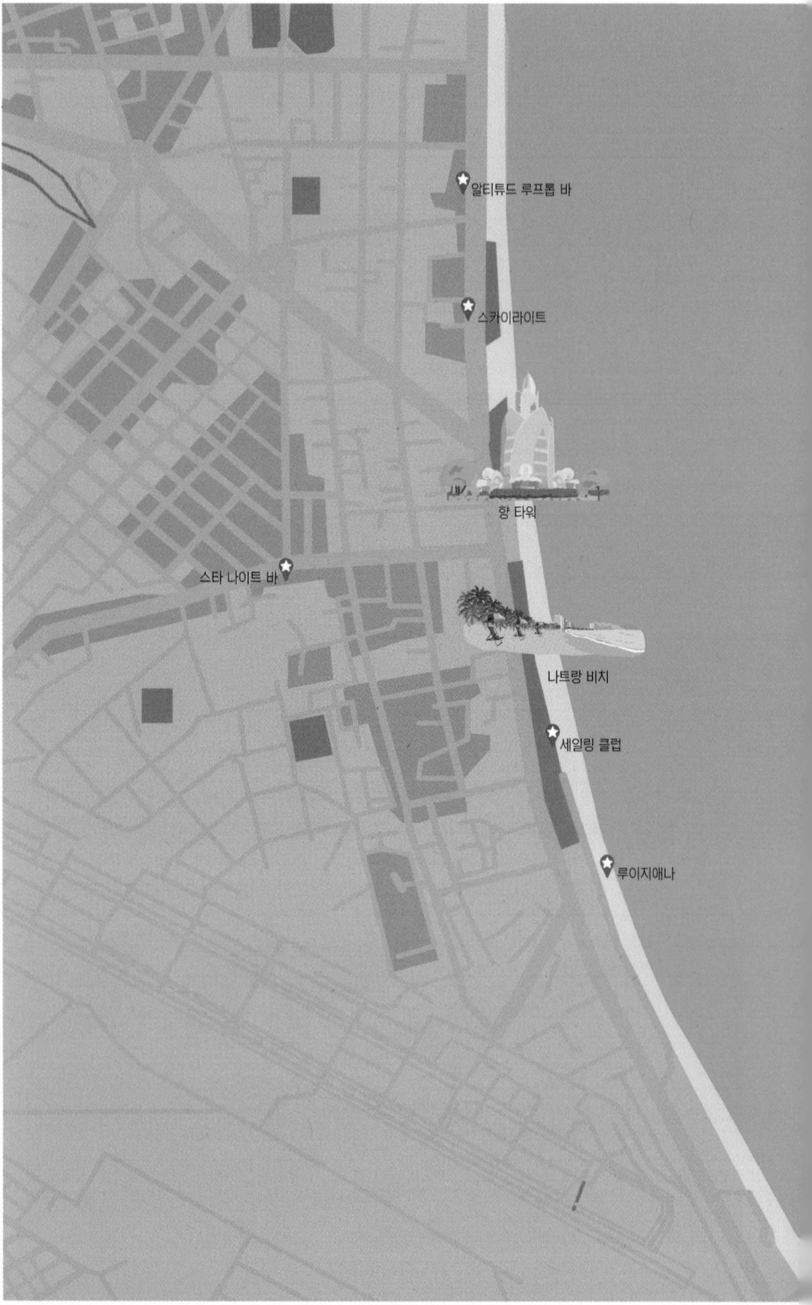

알티튜드 루프톱 바
스카이라이트
향 타워
스타 나이트 바
나트랑 비치
세일링 클럽
루이지애나

# Night Life

# 나이트 라이프

나트랑 여행의 또 다른 묘미가 바로 나이트 라이프다. 아름다운 해변이 보이는 루프톱 바에서 이국
적인 풍경을 즐길 수 있고, 클럽과 바에서 다채로운 행사들을 즐기며 베트남의 주류를 맛볼 수 있
다. 반짝이는 조명과 흥겨운 음악이 흐르는 곳에서 소중한 사람과 나트랑의 밤을 즐겨 보자.

**나트랑 시내에서 가장 높은 루프톱 바**
# 스카이라이트 Skylight

주소 Premier Havana, 38 Trần Phú, Lộc Thọ, Thành Phố Nha Trang 위치 향 타워에서 도보로 약 4분, 하바나 호텔 45층 시간 루프톱 비치 클럽 20:00~01:00 요금 루프톱 비치 클럽 화·수·목·일 입장료 150,000동(남), 무료(여) / 금·토 입장료 200,000동(남), 150,000동(여) / 207,000동(시그니처 칵테일), 253,000동(시푸드 피자), 103,500동(버드와이저) 홈페이지 skylightnhatrang.com 전화 0258-3528-988

나트랑 시내에서 가장 높은 곳에 있는 루프톱 바인 스카이라이트는 하바나 프리미어 호텔 꼭대기인 45층에 있다. 1층에서 입장권을 구입하고 스카이 라이트 전용 엘리베이터를 타고 올라가면 된다. 입장권에는 음료 1잔 비용이 포함되어 있으며, 입장 시 외부 음료나 백팩, 삼각대 등은 1층 데스트에 맡기고 들어가야 한다. 스카이라이트에는 360도 스카이데크, 루프톱 비치 클럽, 셰프의 클럽 레스토랑, 스카이워크가 있으며 구역마다 운영 시간이 다르다. 360도 스카이데크에서는 나트랑 시내 전경을 살피기 좋으며 높이가 있는 만큼 다소 공포감이 느껴질 정도로 아찔하다. 스카이라이트는 바 특성상 저녁 9시 이후로는 18세 이상만 입장 가능하다. 스카이라이트가 가장 핫한 시간도 저녁 9시 이후인데, 신나는 음악과 함께 불어오는 바닷바람에 몸을 맡겨 보자. 스릴을 즐길 수 있는 유리 바닥으로 된 스카이워크는 SNS 사진 명소이기도 하니 꼭 인증샷을 남기자.

### 야경을 감상하기 좋은 바
# 알티튜드 루프톱 바 Altitude Rooftop Bar

주소 26-28 Trần Phú, Lộc Thọ, Thành Phố Nha Trang  위치 항 타워에서 도보로 약 8분, 쉐라톤 호텔 26층  시간 17:00~23:00  가격 155,000~195,000동(칵테일), 110,000동(무알콜 음료), 95,000동(하이네켄)  홈페이지 facebook.com/altituderooftopbar  전화 091-288-72-14

나트랑 시내와 해변이 내려다보이는 쉐라톤 28층에 있는 루프톱 바다. 규모는 작지만 조용한 공간에서 나트랑 야경을 바라보며 여유롭게 칵테일 한잔을 즐길 수 있는 곳이다. 좌석은 실내와 야외로 나누어져 있는데 비가 오면 야외는 오픈하지 않는다. 오후 5시부터 7시까지가 해피 아워인데 이 시간에 방문하면 칵테일, 하우스 와인, 맥주, 음료 등을 1+1으로 이용할 수 있다. 편안하고 아늑한 분위기지만 앉을 수 있는 좌석이 적어 사람이 많으면 서 있어야 한다는 것이 단점이다.

### 하루종일 즐기는 비치 클럽
# 세일링 클럽 Sailing Club

주소 72-74 Trần Phú, Lộc Thọ, Thành Phố Nha Trang  위치 항 타워에서 도보로 약 9분, 스타시티 호텔 맞은 편  시간 07:30~02:30  가격 140,000동(스프링롤), 150,000동(볶음밥), 180,000동(분짜), 170,000동(칵테일)  홈페이지 sailingclubnhatrang.com  전화 0258-3524-628

나트랑 비치 해변에 위치한 세일링 클럽은 화이트와 민트 색상으로 인테리어가 되어 있어 마치 그리스 산토리니를 연상시킨다. 탁 트인 바다를 배경으로 간단한 식사와 칵테일을 즐길 수 있어 좋다. 낮에는 점심 식사를 하러 오는 사람이 많다. 밤이 되면 테이블을 모래사장에 내놓고 활기찬 음악을 틀어 마치 비치 클럽 같은 분위기가 된다. 또 화려한 조명 덕분에 많은 관광객들의 사진 포인트 장소로도 인기다. 다양한 메뉴가 있어 식사와 더불어 간단하게 한잔하기에 좋은 바다.

### 수제 맥주 펍 & 비치 클럽
# 루이지애나 Louisiane Brewhouse

주소 Lô 29 Trần Phú, Lộc Thọ, Thành Phố Nha Trang  위치 향 타워에서 도보로 약 13분, 세일링 클럽에서 도보로 약 5분  시간 07:00~01:00  가격 265,000동(갈릭새우), 260,000동(참치 샐러드), 85,000동(소고기 쌀국수), 125,000동(계란볶음밥), 780,000동(비프티본 스테이크)  홈페이지 louisianebrewhouse.com.vn  전화 0258-3521-948

나트랑 나이트 라이프를 즐기는 사람들 사이에서 핫 플레이스로 유명하다. 특히 유러피언과 러시아 사람들에게 인기가 많다. 수영장과 샤워 시설을 무료로 이용할 수 있어 낮에는 수영을 하며 느긋하게 즐기는 사람들이 많다. 하지만 이곳은 낮보다는 조명이 들어오는 밤이 분위기가 아늑하다. 전체적으로 세일링 클럽보다 조용하고 차분해서 커플 여행객에게 인기가 있다. 주인이 직접 심혈을 기울여 만드는 다양한 수제 맥주와 주류에 어울리는 안주 및 핑거 푸드가 있다. 여러 맥주를 맛보고 싶지만, 너무 양이 많아 부담이 된다면 맥주 샘플러를 주문해 보자. 4가지 맛의 맥주가 나오는데, 조금씩 맛보고 입맛에 맞는 맥주로 주문하여 즐기면 된다. 비치 클럽보다는 비치 펍이 더 어울리는 곳으로 바다를 보면서 맥주 한잔하기에 좋은 곳이다. 홈페이지에 들어가면 쿠킹 클래스와 양조장 투어도 예약할 수 있다.

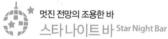 멋진 전망의 조용한 바
**스타 나이트 바** Star Night Bar

주소 레갈리아 골드 호텔 40층, 39-41 Nguyễn Thị Minh Khai, Lộc Thọ, Nha Trang 위치 나트랑 시내, 향 타워에서 도보 7분 시간 07:00~23:00 가격 175,000동(오징어튀김), 165,000동(해산물볶음국수), 100,000동(과일 한 접시), 50,000동(하이네켄) 홈페이지 regaliagoldhotel.com 전화 0258-359-99-99

레갈리아 골드 호텔 40층에 위치한 루프톱 바이다. 루프톱 수영장 바로 옆에 위치한 풀 바pool bar이며, 고층에서 바라보는 나트랑 해변과 시내의 모습이 아주 환상적이다. 일반적인 바처럼 흥겹고 복잡한 분위기라기보다는 조용히 멋진 전망을 바라보며 간단히 음식과 음료, 맥주, 칵테일, 위스키 등을 즐길 수 있는 분위기로 요금 또한 합리적인 편이다.

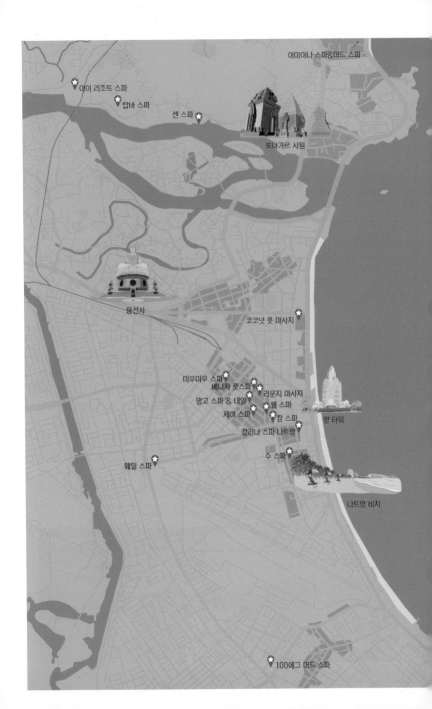

아미아나 스파&머드 스파

아이 리조트 스파

탑바 스파

센 스파

포나가르 사원

용선사

코코넛 풋 마사지

미우미우 스파
베나자 풋스파
망고 스파 & 네일
라운지 마사지
웰 스파
제이 스파
참 스파
갈리나 스파 나트랑

항 타워

웨일 스파

수 스파

나트랑 비치

100에그 머드 스파

# Spa

## 스파

한낮의 더위를 피하고, 누적된 피로를 푸는 데에 스파와 마사지만큼 좋은 게 없다. 나트랑 시내 뿐만 아니라 여러 곳에 위치 하고 있는 스파 숍 중 가장 만족도가 높은 곳을 선별하여 소개한다. 아이와 함께 마사지를 받을 수 있는 프로그램이 있거나, 키즈 클럽이 있는 스파도 있어 가족 관광객들도 이용하기에 편하다.

 실력 좋은 로컬 스파
센 스파 Sen Spa

주소 241 Ngô Đến, Ngọc Hiệp, Thành Phố Nha Trang  위치 항 타워에서 탑바 머드 스파 방향 차로 약 15분  시간 08:30~20:00  가격 300,000동(베트남 전통 마사지 60분), 500,000동(핫스톤), 350,000동(아로마 오일 마사지 60분), 550,000동(센스파 마사지 90분), 390,000동(타이 마사지 70분)  홈페이지 senspanhatrang.com  전화 908-258-121  카카오톡 ID senspanhatrang

센 스파는 이미 여행객들 사이에 입소문이 나서
예약 없이 방문하면 마사지를 받기 어려울 정도
다. 1층은 인포메이션과 발 마사지를 받을 수 있
는 공간이 있고 2층에 마사지 룸이 있다. 입구는
베트남 분위기가 물씬 느껴지는 정원처럼 꾸며
져 있다. 시설이 전체적으로 깔끔하며 직원들의
실력과 서비스가 좋은 로컬 스파다. 한국어가 가
능한 직원이 있고 카카오톡으로 예약이 가능해
서 한국인 여행객들에게 특히 인기다.

**무료로 짐을 보관해 주는 마사지 숍**
# 코코넛 풋 마사지 Coconut Foot Massage

주소 3F, Nha Trang Center, 20 Trần Phú, Lộc Thọ, Thành Phố Nha Trang  위치 나트랑 비치 쩐푸(Trần Phú) 로드 북쪽, 향 타워에서 차로 약 5분, 나트랑 센터 쇼핑몰 3층  시간 09:00~23:00  가격 450,000동(120분 코코넛 스페셜 마사지), 350,000동(90분 코코넛 스페셜 마사지), 300,000동(60분 발 마사지 또는 보디 마사지)  전화 0258-6258-661

이미 한국인들에게 유명한 코코넛 풋 마사지 숍은 시내 중심인 나트랑 센터 3층에 있어서 여행 중 언제든 이용하기 편리하다. 짐을 무료로 보관해 주는 서비스를 하고 있어서 여행객들이 여행 첫날 또는 마지막 날에도 부담 없이 즐기기 좋다. 마사지 룸에서 나트랑 해변이 보여 전망이 좋고, 100% 코코넛 오일을 사용하는 것이 특징이다. 숍에서 방향제나 비누도 판매하고 있어 기념품으로 구입하기에도 좋다. 원하는 시간에 마사지 받기를 원한다면 사전 예약하자.

**여행사에서 운영하는 마사지 숍**
# 베나자 풋 스파 VENAJA Foot Spa

주소 2 Ngô Đức Kế, Tân Lập, Thành Phố Nha Trang  위치 향 타워에서 도보로 약 10분, 김치 식당과 퍼 어이 사이  시간 09:00~23:00  가격 490,000동(베이직 풋 스파 60분), 530,000동(스페셜 풋 스파 60분), 560,000동(프리미엄 풋 스파 60분), 370,000동(키즈 풋 스파 60분)  전화 037-301-6614

나트랑 현지 한국 여행사에서 운영하는 스파 숍이다. 5층짜리 건물 1층에는 기념품과 여행용품을 판매하는 숍이 있고, 4층과 5층이 발 마사지 전문 숍인 베나자 풋 스파다. 마사지 의자마다 칸막이로 나누어져 있어 프라이빗한 공간에서 마사지 받는 느낌이 든다. 아로마 오일을 사용한 기본 발 마사지부터 핫스톤 발 마사지, 호랑이 연고를 사용한 발 마사지 등 코스가 다양한 것이 특징

이다. 마사지 받기 전에 주는 체크리스트를 작성하면서 마사지 강도와 알레르기 여부 등 요청 사항을 전달할 수 있다. 마사지 이용 고객은 3층 샤워실을 무료로 이용할 수 있다. 오전 10시~오후 2시까지는 해피아워 할인을 받을 수 있으니 참고하여 방문하자.

### 숲 컨셉의 마사지 숍
# 참 스파 Charm Spa Grand Nha Trang

**주소** 48C Nguyễn Thị Minh Khai, Tân Lập, Thành Phố Nha Trang **위치** 항 타워에서 도보로 약 8분, 콩카페 대각선으로 맞은 편 **시간** 10:00~23:00 **가격** 450,000동(아로마 마사지 60분), 685,000동(대나무 마사지 90분), 500,000동(타이 마사지 60분), 400,000동(발 마사지 60분) **전화** 0236-3779-889 **카카오톡 ID** benji012

다낭에서 인기 있는 참 스파의 나트랑 지점이다. 숍에 들어가는 입구 전면을 나무와 풀로 장식하고 그네를 두어 숲으로 들어가는 느낌이다. 나무를 사용한 인테리어는 또한 모던하고 심플해 심리적인 편안함을 준다. 1층 로비를 지나면 2층과 3층에 걸쳐 커플 룸과 발 마사지 전용 룸 등이 있다. 은은한 조명을 켜두고 아로마 향을 피워 마사지 받기 좋은 분위기이다. 대표 마사지는 대나무를 사용하여 뭉친 근육을 풀어 주는 코스로 강한 압의 마사지를 좋아하는 사람들에게 인기다. 한국어 메뉴판이 있고 카카오톡으로 예약이 가능하다. 콩 카페 근처라 찾아가기 쉽다.

### 마사지와 네일을 동시에 받을 수 있는 곳
# 망고 스파 & 네일 Mango Spa & Nail

**주소** 17 Tô Hiến Thành, Tân Lập, Thành Phố Nha Trang **위치** 항 타워에서 도보로 약 10분, 레인 포레스트 근처 **시간** 09:00~23:00 / 예약 첫 타임 & 마지막 타임 09:00~21:00(스파), 10:00~20:30(네일) **가격** 800,000동(핫스톤 마사지 90분), 570,000동(다리·발 마사지 60분), 630,000동(임산부 마사지 60분), 230,000동(손 케어 & 영양제), 280,000동(발 케어 & 영양제) **전화** 0258-6501-000

나트랑 시내 중심에 위치하는 망고 스파 & 네일은 말 그대로 마사지와 네일을 동시에 받을 수 있는 곳이다. 내부로 들어가면 한국어로 안내가 되어있고 메뉴판도 한국어로 자세히 설명돼 있어 어렵지 않게 의사소통을 할 수 있다. 직원들은 망고를 연상시키는 노란색 옷을 입고 친절하게 응대하며 스파의 종류도 전신부터 다리와 발, 피부 진정, 스페셜 마사지까지 다양하다. 네일은 한국 네일 아트 비용의 절반도 안 되는 가격대로 남자도 받을 수 있는 관리 프로그램부터 젤 네일 모양까지 선택 폭이 넓다. 예약하고 오는 손님이 대부분이라 예약하지 않고 방문하면 헛걸음을 할 수 있으니 방문 전에 카카오톡으로 예약하자. 로컬 마사지 숍에 비해 다소 비싼 편이지만 한국어가 가능한 직원이 있고 예약이 편리한 것이 장점이다. 오전 9시부터 오후 2시까지 네일과 마사지를 동시에 받을 경우 각각 10% 할인을 받을 수 있다.

 한국인이 운영하는 고급 스파
## 제이 스파 J Spa

**주소** 62 Đống Đa, Tân Lập, Thành Phố Nha Trang  **위치** 항 타워에서 차로 약 11분, 퍼 박당 맞은 편  **시간** 09:00~22:00  **가격** 644,000동(아로마 마사지 60분), 529,000동(발 마사지 60분), 828,000동(핫 스톤 마사지 90분)  **전화** 093-589-83-23  **카카오톡 ID** JSPA

고급스러운 외관과 인테리어가 인상적인 고급 스파다. 한국인이 운영하는 스파라 한국어가 가능한 직원이 반갑게 맞이하여 주고, 한국어 안내서도 준비돼 있다. 깔끔하고 세련된 분위기를 좋아하는 한국인들의 취향을 반영해 인기가 좋다. 일반 단품 마사지뿐만 아니라 임산부와 아이들을 위한 마사지 프로그램이 별도로 마련되어 있다. 로컬 마사지 숍에 비해 다소 비싼 편이라 가격보다는 시설과 서비스를 중요하게 생각하는 사람들에게 맞는 곳이다. 사전 예약제이며 오전 10시에서 12시까지 해피 아워 할인이 된다. 카카오톡으로 예약이 가능하며 재방문 시 20~30%의 할인을 받을 수 있다.

### 한국인들의 취향을 맞춘 스파
# 라운지 마사지 Lounge Massage

**주소** 73 Võ Trứ, Tân Lập, Thành phố Nha Trang **위치** 항 타워에서 차로 약 5분, CCCP 커피에서 북쪽으로 도보 2분 **시간** 09:00~23:00 **가격** 630,000동(아로마 마사지 60분), 810,000동(핫스톤 아로마 마사지), 490,000동(키즈 마사지 60분), 630,000동(임산부 마사지 60분) **전화** 036-2110-627

라운지 마사지는 최신식 시설을 갖추고 있고 청결해서 한국인들에게 인기가 많다. 1층에는 안내 데스크와 기념품 가게, 2층에는 마사지 룸이 있다. 숍에 방문하면 직원들이 차를 대접해 주고 원하는 마사지 종류와 강도를 체크한다. 또다른 숍들과는 다르게 마사지를 받을 때 커튼으로 공간을 분리하는 세심함이 있어 이곳은 항상 여행객들이 많다. 원하는 시간대에 마사지를 받고 싶다면 미리 예약을 하고 가는 것이 좋다. 또한 스파를 받는 동안 짐을 보관해 주기 때문에 출국 전에 이용하기에도 편리하다.

### 베트남 전통 마사지
# 수 스파 Su Spa

**주소** 93 AB, Nguyễn Thiện Thuật, Lộc Thọ, Thành Phố Nha Trang **위치** 항 타워에서 도보로 약 5분, 리버티 센트럴 호텔에서 해변 반대 방향으로 다음 골목 도보 5분 **시간** 09:00~23:00 **가격** 366,520동(릴랙싱 페이셜 60분), 371,910동(보디 스크럽 60분), 409,640동(베트남 전통 마사지 50분), 411,520동(아로마 테라피 80분) **홈페이지** suspa.com.vn **전화** 0258-3523-242

수 스파는 나무로 인테리어가 돼 있어 로비에서부터 안정감이 느껴진다. 이곳의 대표적인 특징은 4인실부터 6인실까지 다양한 마사지 룸을 가지고 있다는 점인데, 그 덕분에 단체나 가족 단위의 여행객들이 개별적인 공간에서 함께 마사지를 이용할 수 있다. 마사지 중에서는 전신 마사지와 핫 스톤 마사지가 대표적이며 전신 마사지의 경우에는 베트남식과 타이식 두 가지 중에서 선택할 수 있다. 시설에 비해 합리적인 가격으로 마사지를 받을 수 있어 만족도가 높은 편이다.

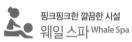
**핑크핑크한 깔끔한 시설**
## 웨일 스파 Whale Spa

**주소** 95 Vân Đồn, Phước Hoà, Nha Trang   **위치** 야시장에서 차량으로 6분(2km)   **시간** 09:00~21:00   **가격** 598,000동(아로마 전신 60분), 759,000동(아로마 스톤 90분)   **전화** 083-771-1170   **카카오톡 ID** whalespa01

핑크핑크하다는 말이 제대로 어울리는 스파로 건물 외관과 실내가 모두 핑크색을 콘셉트로 이루어져 있다. 2018년 8월에 오픈하였으며 5층 건물로 마사지실은 2~4층에 위치해 있다. 침대는 총 26개, 마사지실은 4인실 2개, 3인실 6개이며 마사지사도 총 26명이 소속되어 근무 중이다. 한국어를 상당히 잘하는 직원이 근무하고 있으며 추천 마사지 프로그램으로는 핫 스톤 마사지와 아로마 마사지가 있고 임산부 마사지 및 어린이 마사지 프로그램도 있어 온 가족이 함께 이용할 수 있다. 마사지에 대한 만족도가 높으며 마사지실마다 모두 샤워실이 갖추어져 있고 마사지실 내부도 예쁘게 꾸며져 있어 사진 찍기에도 좋다. 짐 보관은 무료이며 공항 센딩 서비스(인원수 상관없이 250,000동)를 이용할 수 있어서 여행 마지막 날의 일정으로도 효과적이다.

 **수준 높은 시설과 서비스**
**웰 스파** Well Spa

**주소** 63 Tô Hiến Thành, Tân Lập, Nha Trang  **위치** 항 타워에서 도보 8분  **시간** 10:00~22:00  **가격** 330,000동(발 마사지 60분), 540,000동(오일 마사지 90분), 540,000동(핫스톤 에센셜 오일 마사지 90분)  **홈페이지** www.facebook.com/Well-Spa-101688687920751/  **전화** 0258-650-00-50

2019년에 오픈하였으며 4층 건물에 부띠끄 느낌의 외관을 가진 스파이다. 실내로 들어서면 고급스럽고 편안하고 은은한 조명, 그리고 아로마 향이 스파 특유의 힐링되는 느낌을 준다. 한국어를 하는 직원이 근무 중이며 서비스 수준도 훌륭하다. 스파 프로그램은 영어 메뉴판과 한국어 메뉴판이 따로 갖추어져 있다. 총 10개의 마사지실이 갖춰져 있고 마사지 전 체크리스트를 통해 선호 사항을 전달할 수 있으며 마사지 실력도 수준급이다. 샤워도 가능하지만 마사지실 내부가 아닌 외부에 있으니 이 부분은 참고하자.

## 숨겨진 마사지 강자
# 미우미우 스파 Miu Miu Spa & Massage Nha Trang

**주소** 36 Bạch Đằng, Phước Tiến, Nha Trang **위치** 쏨모이 시장 인근 **시간** 10:00~22:00 **가격** 266,000동(오일 보디 마사지 60분), 385,000동(핫스톤 마사지 90분), 280,000동(임산부 60분), 520,000동(포핸드 60분) **홈페이지** spamiumiu.com **전화** 090-491-23-66 **카카오톡 ID** Huengokim1709

수준 높은 마사지 실력으로 교민들 사이에서 인기가 높은 스파로 오너는 베트남 여성이지만 한국어로 웬만한 의사소통은 가능하며 정중하고 친절한 마인드를 가지고 있다. 4층 건물 중 1층은 리셉션 공간이며 2~4층에 마사지실이 있다. 임산부 및 키즈 마사지도 가능하며 고급스러운 시설은 아니지만 마사지 자체에 장점을 가지고 있는 스파이다. 전문적인 마사지 테라피스트로부터 합리적인 가격의 마사지를 받고 싶다면 한번 방문해 보자.

1990년대 초에 개발된 나트랑 온천은 다른 곳과는 달리 그 지역에서 많이 나는 진흙을 사용한다. 진흙을 뜨거운 온천 수에 섞은 머드 스파는 이미 나트랑의 관광 상품으로 자리 매김을 했다. 나트랑 바닷가에 인접해 있는 스파는 온천수 에도 피부 미용에 좋은 미네랄이 많이 들어 있어 관광객들 에게 인기다.

## 나트랑 머드 스파 비교

나트랑에는 머드가 유명하다. 미네랄이 풍부하여 피부 미용과 피로 회복 탁월한 효과를 보인다. 다양한 머드 스파가 있는데 업체마다 가지고 있는 스파 종류와 부대시설 및 특징이 다르기때문에 아래 표를 참 고하여 선택하는 것이 좋다.

| 특징 | 특징 | 위치 |
|---|---|---|
| 100 에그 머드 스파 | 키즈풀과 수영장이 있는 테마형 머드 스파 | 항 타워에서 차로 약 10분 |
| 탑바 스파 | 나트랑에서 가장 오래된 머드 스파 | 항 타워에서 차로 약 15분 |
| 아이 리조트 스파 | 워터파크 시설을 갖춘 대규모의 머드 스파 | 항 타워에서 차로 약 17분 |
| 아미아나 스파 & 머드 스파 | 바다가 보이는 프라이빗 머드 스파 | 항 타워에서 차로 약 16분 |
| 갈리나 스파 나트랑 | 나트랑 시내에 있어 접근성이 좋은 머드 스파 | 항 타워에서 차로 약 5분 |

## 머드 스파 투어

픽업, 샌딩, 입장료, 점심 식사가 포함된 패키지로 오전 8시 30분에 호텔에서 출발해 머드 스파를 즐기 고 점심 식사 후 마사지로 마무리하는 총 6시간짜리 투어 프로그램이다. 교통이나 언어에 불편함을 느 끼는 사람들이 편하게 이용할 수 있는 패키지이다. 나트랑 시내 이외 지역은 추가 요금이 발생할 수 있 고 인원이 많을 경우 차량을 렌트하여 개별로 다녀오는 것이 저렴하다.

| 특징 | 특징 | 특징 |
|---|---|---|
| 신짜오 나트랑 | 탑바 스파<br>2인 $60, 3인 $50, 4인 이상 $40<br>+ 예약금 1만원 | 단독 투어, 가이드, 마사지 1시간<br>중식(쌀국수), 36개월 미만 무료 |
| 베나자 | 아이 리조트 스파<br>성인 $25, 아동 $20(만8세이하)<br>+ 예약금 1만원 | 3인 이상 출발, 조인 투어<br>마사지 1시간 추가 시, $20<br>3세 이하 무료 |
| 베나자 | 100 에그 머드 스파<br>성인 $40, 아동 $32(만8세이하)<br>+ 예약금 1만원 | 3인 이상 출발, 조인 투어<br>마사지 1시간 포함,<br>한국어 가이드 $30(팀당)<br>3세 이하 무료 |

 달걀 모양의 욕조에서 즐기는 머드 스파

# 100 에그 머드 스파 Khu Du Lịch Trăm Trứng 100 Eggs Mud Bath

**주소** Phước Đồng, Thành phố Nha Trang  **위치** 향 타워에서 차로 약 10분  **시간** 08:00~19:00  **홈페이지** tramtrung.vn/default.html  **전화** 0258-3711-733

100 에그 머드 스파는 그 이름답게 달걀을 모티브로 한 테마형 머드 스파다. 산과 가까운 곳에 있어 마치 자연 속에서 천연 머드 온천을 체험하는 것 같은 기분이 든다. 나트랑의 머드는 미네랄이 풍부하고 피로 회복과 피부 미용에 도움을 준다고 알려져 있어 찾는 사람이 많다. 온천 수영장만 이용하는 사람들도 있으나 추가 요금을 내면 달걀 모양의 욕조에 20분 동안 개별 머드 배스를 체험할 수 있다. 오후에는 단체 관광객들 때문에 여유롭게 즐기기 어려우니 오전 일찍 다녀오는 것을 추천한다. 기온이 올라가는 여름 시즌에는 다소 덥게 느껴질 수 있다.

**Notice** 2023년 7월 현재 휴업 중이다. 사전에 운영 여부 확인하자.

| 요금 | 성인(1인) | 아동(1인) |
|---|---|---|
| 에그 머드 배스(개별) | 300,000동 | 200,000동 |
| 락 머드 배스(단체) | 250,000동 | 150,000동 |
| 에그 허브 배스(개별) | 250,000동 | 150,000동 |
| 락 허브 배스(단체) | 200,000동 | 100,000동 |
| 미네랄 수영장 | 120,000동 | 60,000동(140cm 미만)<br>(100cm 미만 아동은 무료) |
| 수영복 | 20,000동(여성)<br>10,000동(남성) | 10,000동 |
| 수건 | 10,000동 | 10,000동 |

베트남 머드 온천의 원조
## 탑바 스파 Suối Khoáng Nóng Tháp Bà - Tháp Bà Spa

주소 438 Ngô Đến, Ngọc Hiệp, Thành phố Nha Trarng, Khánh Hòa  위치 향 타워에서 차로 약 15분  시간 07:00~19:30(*입장 마감 19:00)  홈페이지 tambunthapba.vn  전화 0258-3837-205

베트남에서 가장 오래된 머드 온천으로 가장 오래된 곳인 만큼 시설이 조금 낙후된 편이다. 다양한 크기의 머드 배스와 수영장, 온천탕, 휴게실 등 부대시설이 잘 갖춰져 있고, 머드 배스는 2인용~6인용까지 있는데 단체로 이용할 경우 좀 더 저렴하다. 머드는 재활용하지 않고 그때그때 바로 머드를 채워서 제공한다. 가장 유명한 머드는 미네랄 머드로 20분간 진행하는데 욕조에 들어가기 전에 샤워를 해야 한다. 머드의 촉감은 아주 부드럽고 다른 머드 스파보다 농도가 짙어 어른들이 선호한다. 개인 수영복을 착용하면 머드가 물들 수 있어 나눠 주는 옷을 이용하는 것이 좋다. 또 이곳에는 온천뿐만 아니라 부대시설로 베트남 음식점도 있고, 다양한 크기의 수영장도 있다. 어른들을 위한 커다랗고 수심이 깊은 수영장과 아이들을 위한 슬라이드와 수심이 얕은 수영장이 인기다. 입장할 때 냈던 보증금은 나갈 때 락커 열쇠를 반납해야 돌려받을 수 있으니 열쇠를 잃어버리지 않도록 주의하자. 탑바 스파와 나트랑 시내를 오가는 유료 셔틀버스가 1시간에 1번씩 운행한다. 현지 여행사에서 입장권과 차량을 포함한 패키지 상품을 구입하면 편리하다.

| 요금 | 성인(1인) | 아동(1인) |
|---|---|---|
| 핫 미네랄 머드 배스 | 350,000동(1~4인용)<br>300,000동(5인용)<br>260,000동(6인 이상) | 120,000동 |
| 콜렉티브 머드 배스 | 220,000동 | 110,000동 |
| 스페셜 허브 머드 배스 | 425,000동(1~4인용)<br>375,000동(5인용) | 150,000동 |
| 수영장 | 120,000동 | 60,000동(140cm미만) ※1m미만은 무료 |

 **워터슬라이드 시설까지 겸비한 온천**
# 아이 리조트 스파 Suối Khoáng Nóng Nha Trang I-Resort

**주소** Tổ 19, thôn Xuân Ngọc, Vĩnh Ngọc, Thành Phố Nha Trang, Khánh Hòa  **위치** 향 타워에서 차로 약 17분, 탑바 스파 근처  **시간** 07:00~20:00  **홈페이지** i-resort.vn/main.html  **전화** 0258-3830-141

나트랑 머드 온천 중에 가장 큰 규모를 자랑한다. 천연 머드 온천, 허브 온천, 소금 사우나, 머드 마사지 등 다양한 종류가 있어 원하는 대로 즐길 수 있다. 이용 전 주의할 점은 머드 탕에 들어가기 전까지 표를 잃어버리지 않고 잘 간직해야 한다는 점이다. 탈의실부터 머드를 이용할 때까지 계속해서 직원이 표 검사를 하기 때문이다. 또 머드와 물기가 있는 바닥이 미  끄러우니 넘어지지 않게 조심하고 어린아이를 동반할 경우 좀 더 신경 써야 한다. 아이 리조트의 또 다른 특징은 대형 워터파크가 있다는 점이다. 야외 온천이 있는 온천장과 워터파크는 거리가 멀어 버기카를 타고 이동해야 한다. 다양하고 스릴 있는 워터 슬라이드가 있어 아이들과 함께하는 가족 여행객들에게 인기가 많다. 실내에는 아이 리조트만의 기념품과 간단한 먹거리를 판매하는 매점도 있다.

| 요금 | 성인(1인) | 아동(1인) |
|---|---|---|
| 핫 머드 배스<br>(수영장, 자쿠지 이용 가능) | 350,000동(1~2인용)<br>300,000동(3~5인용)<br>260,000동(6인 이상 전용) | 150,000동 |
| 스페셜 핫 머드 배스<br>(푸드, 음료 제공 / 수영장, 자쿠지 이용 가능) | 500,000동(1~2인용)<br>450,000동(3~5인용)<br>400,000동(6인 이상) | 300,000동 |
| 머드 스파 + 점심 식사 패키지 | 425,000동(1~2인용)<br>380,000동(3인용 이상) | 220,000동 |

## 바다가 보이는 럭셔리 머드 온천
# 아미아나 스파 & 머드 스파 Amiana Resort Nha Trang Spa & Mud Bath

주소 Phạm Văn Đồng, Vĩnh Hải, Thành Phố Nha Trang  위치 항 타워에서 차로 약 16분  시간 10:00~19:00(머드 배스), 09:00~21:00(스파), 06:00~18:00(수영장)  홈페이지 amianaresort.com/spa/  전화 0258-355-3333

아미아나 리조트 내에 위치한 스파와 머드 온천 프로그램은 호텔 투숙객 이외에도 외부 손님도 이용할 수 있다. 고급 리조트가 운영하는 스파라 시설이 청결하고 깨끗하며 무엇보다 바다가 보이는 시원한 뷰가 일품이다. 또 독립된 개별 공간에서 온천을 즐길 수 있다는 것도 큰 장점이다. 아미아나 리조트에 묵지 않는 비투숙객은 머드 배스 1시간이 기본 코스지만 머드 배스와 함께 아미아나 호텔의 수영장과 프라이빗 비치를 이용할 수 있는 패키지도 인기다. 이외에 머드 배스에 마사지가 포함된 패키지도 있으나 고급 리조트 마사지라 가격이 비싼 편이다. 수영장이 포함된 프라이빗 머드 배스룸은 7개밖에 없어 사전 예약이 필수다. 한적하고 조용하게 스파를 즐기길 원하는 사람에게 추천한다.

| 요금 | 1인(성인, 아동 요금 동일) |
|---|---|
| 프라이빗 머드 배스 60분 | 900,000동(1인용)<br>830,000동(2~3인용)<br>760,000동(4~5인용) |
| 머드 배스+ 마사지 90분 | 900,000동 |
| 머드 배스 60분 + 얼굴, 발 관리 30분 | 1,050,000동(1인용)<br>990,000동(2~3인용)<br>950,000동(4~5인용) |
| 머드 배스 60분 + 바디 케어 60분 | 2,700,000동(2인용)<br>4,000,000동(3인용)<br>5,000,000(4인용) |

## 시내에 있는 머드스파
# 갈리나 스파 나트랑 Galina Spa Nha Trang

**주소** 5 Hùng Vương, Lộc Thọ, Thành Phố Nha Trang, Khánh Hòa  **위치** 항 타워에서 차로 약 5분, 이비스 나트랑 호텔 맞은편 갈리나 호텔 내  **시간** 08:00~22:00  **홈페이지** galina.vn  **전화** 0258-3839-999

갈리나 호텔에 있는 머드 스파는 나트랑에 있는 다른 스파들과 다르게 시내 중심에 있어서 접근성이 좋다. 호텔 지하 1층에는 스파와 리셉션이 있고 3층에 스파 센터, 4층에는 머드 배스가 있다. 다른 스파보다는 가격대가 있는 편이지만 프라이빗한 공간에서 단독으로 스파가 가능하다는 점과 전문 마사지사의 숙련된 실력과 친절한 서비스를 생각하면 전혀 비싸다고 생각되지 않는다. 이곳에는 혼자 온 손님을 위한 1인실도 있으며 스웨덴식 마사지, 베트남식 마사지, 갈리나 시그니처 마사지 등 다양한 종류의 프로그램이 있다. 또 동굴을 모티브로 한 수영장과 자쿠지도 준비되어 있는데 머드 스파를 이용하면 무료로 이용할 수 있으며, 습식 사우나, 건식 사우나, 야외 욕조, 족욕탕, 마사지 룸 등의 부대시설도 있다.

| 요금 | 성인(1인) | 아동(1인) |
|---|---|---|
| 머드 배스 | 350,000동(1~2인용)<br>250,000동(3~5인용) | 100,000동<br>(100~140cm / 100cm미만 무료) |
| 머드 배스+바디 마사지 60분 | 680,000동 | |
| 머드 배스+바디 마사지 90분 | 900,000동 | |

포나가르 사원

향 타워

빈펄 골프 클럽

VINPERAL

다이아몬드 베이
골프 클럽

• 깜라인 공항

KN 골프 링크스

# **Golf**

## 골프

나트랑의 수려한 바다를 바라보며 완만한 언덕에서 느긋하게 즐기는 골프 라운드는 골프 마니아들
이 극찬할 정도로 만족도가 높다. 또 나트랑에 있는 골프장은 주변에 호텔이 많아 숙소까지의 이동
거리가 짧은 것이 장점이다. 골프를 좋아하는 여행객이라면 나트랑에서의 골프 플레이는 색다른
경험과 추억이 될 것이다.

### 나트랑에서 가장 오래된 골프 클럽
# 다이아몬드 베이 골프 클럽 Diamond Bay Golf & Villas

**주소** Nguyễn Tất Thành, Phước Đồng, Thành Phố Nha Trang **위치** 누티엔(Nhu Tien) 해변, 다이아몬드 베이 리조트 내 **시간** 06:00~14:00(티오프) **요금** 그린피 18홀 기준 2,050,000동(주중), 2,600,000동(주말), 1,120,000동(2인 1카트) **홈페이지** diamondbaygolfvillas.com/utilities/golf-course **전화** 0258-3711-722

누티엔 해변 가까이에 자리 잡고 있는 다이아몬드 베이 골프 클럽은 깜라인 공항에서 차로 25분 거리에 있는 다이아몬드 베이 리조트 내에 있다. 유명한 골프 선수 앤디 염Andy Dye이 설계했으며 하얀 모래 벙커, 드라이빙 레인지, 산과 바다로 둘러싸인 경치 좋은 코스로 유명하다. 나트랑에서 가장 오래된 골프장으로 최상의 그린 컨디션을 원하는 사람은 다소 실망스러울 수 있으나, 아기자기한 코스와 친절한 캐디들로 현지인들에게 인기 있는 골프장이다. 오후 2시 이후에 플레이하는 트와일라잇 패키지를 이용하면 그린피와 캐디, 카트 비용이 포함되어 알뜰하게 이용 가능하다. 매주 금요일 오후 티오프는 스포츠 데이로 할인된 요금으로 제공된다.

### 나트랑 대표 골프 클럽
## 빈펄 골프 클럽 Vinpearl Golf Club

**주소** Hon Tre Island, Vĩnh Nguyên, Thành Phố Nha Trang **위치** 혼째섬, 빈펄 골프리조트 옆 **시간** 티오프 시간 06:00~14:00(화~일, 티오프 간격 10분) **휴무** 월요일 **요금** 그린피 18홀 기준 1,900,000동(주중 캐디 포함), 2,350,000동(주말 캐디 포함), 1,200,000동(2인 1카트), 800,000동(골프 클럽 대여), 200,000동(골프 슈즈 대여) **홈페이지** golf.vinpearl.com/golf-courses/nha-trang-overview.html **전화** 0258-359-09-19

빈원더스와 리조트가 있는 혼째섬에 위치한 빈펄 골프 클럽은 아름다운 빈펄 해변 및 리조트를 끼고 있는 포브스지가 선정한 골프 클럽이기도 하다. 세계적인 골프 디자인 회사인 IMC 디자인 컴퍼니가 디자인하였으며 18홀 각각의 특징이 있는 독특한 디자인의 그린이 인상적이다. 또한 클럽 하우스에서는 아름다운 해안 경치를 구경하며 식사가 가능하다. 7번 홀과 13번 홀 인근에는 그늘막이 있어 간단한 스낵이나 음료를 먹으며 쉴 수도 있다. 대부분의 캐디가 서투른 한국어를 구사 할 수 있으며, 시설의 관리가 잘돼 있는 편이다. 단, 빈펄리조트 투숙객이 아니면 배를 타고 혼째섬으로 들어가야 하는 불편함이 있고 골프장이 섬에 있어 바람이 많이 부는 단점이 있다. 위치적인 단점을 제외하고 시설 및 서비스에 비해 요금이 저렴한 편이다. 매주 월요일은 유지 및 보수를 위한 휴무이다.

![golf icon] **나트랑의 명문 골프 클럽**
# KN 골프 링크스 깜라인 KN GOLF LINKS Cam Ranh

주소 KN PARADISE, Cam Hải Đông, Thành Phố Cam Ranh  위치 롱비치, 깜라인 공항 근처  시간 06:00~14:00(티오프)  요금 그린피 18홀 기준 2,100,000동(주중 캐디, 카트 포함), 2,600,000동(주말 캐디, 카트 포함)  홈페이지 kngolflinks.com(*모바일 이용 권장)  전화 02583-999-666

KN 골프 링크스 깜라인은 베트남에서도 아름답기로 유명한 나트랑 해변을 끼고 조성되었으며 2018년 10월 27일에 오픈한 신설 골프 클럽이다. 골프 코스 내에 나무는 거의 없지만 나트랑에서 바다와 가장 가까운 골프장이라 하얀 모래 해변과 푸른 바다가 인상적이다. 해안가와 가까이 있다 보니 바다에서 불어오는 바람의 풍속과 방향에 따라 난이도가 크게 달라져 도전 코스로 평가받는 곳이며 새롭게 오픈한 골프장임에도 불구하고 아시아에서 인정 받는 골프장이다.

# NHA TRANG

추 천 숙 소

---

나트랑은 세계적인 휴양지답게
시내와 외곽에 리조트가 많다.
공항 주변의 롱비치와 나트랑
시내에는 매일 새로운 호텔이
생겨난다고 해도 과언이 아니
다. 덕분에 여행객들은 어디를
선택해야 할지 모르는 행복한
고민을 하게 됐다. 휴양지에서
의 숙소는 단순히 잠만 자는 곳
이 아니다. 그곳에 머물면서 즐
기는 자체가 여행이 되기도 한
다. 여행의 목적과 구성원의 니
즈, 예산, 비행 스케줄 등에 맞
춰 숙소를 선택하자.

## 여행 유형별 추천 숙소

### ◎ 아이를 동반한 가족 여행

아이와 함께 하는 가족 여행일 경우 키즈 클럽과 수영장 시설이 잘돼 있는 리조트를 선택하는 것이 좋다.

> 추천 숙소 | 아미아나 리조트, 빈펄 리조트 & 스파 나트랑 베이, 모벤픽 리조트 깜라인

### ◎ 대가족 여행

인원이 많은 대가족이라면 가족끼리 오붓한 시간을 보낼 수 있는 독채 풀빌라를 추천한다.

> 추천 숙소 | 빈펄 리조트 & 스파 나트랑 베이, 멜리아 빈펄 깜라인 비치 리조트, 아미아나 리조트 나트랑, 미아 리조트, 더 아남 리조트, 두옌하 리조트 깜라인

### ◎ 활동적인 커플 여행

다양한 액티비티와 맛집 투어에 집중하는 일정이라면 접근성 좋은 시내 호텔이 합리적이다.

> 추천 숙소 | 노보텔 나트랑, 쉐라톤 나트랑, 시타딘스 베이프런트 나트랑

### ◎ 100% 휴양 여행

천혜의 자연환경으로 둘러싸인 닌 반 베이와 한적한 롱비치에 위치한 숙소들은 특별한 추억을 만들어 준다.

> 추천 숙소 | 식스 센스 닌 반 베이, 안람 리트리트 닌 반 베이, 랄리아 닌 반 베이, 퓨전 리조트

### ◎ 저예산 가성비 높은 여행

외부 활동이 많은 일정이나 가벼운 여행일 경우 시내와 가까운 숙소를 선택하는 것이 좋다. 가격에 비해 숙소의 컨디션과 위치가 좋은 호텔을 선택하는 것이 가성비 좋은 저예산 여행의 핵심이다.

> 추천 숙소 | 이비스 스타일, 리버티 센트럴 나트랑, 선라이즈 나트랑 비치 호텔

## 호텔 저렴하게 예약하기

호텔 예약은 호텔 예약 사이트와 베트남 전문 여행사에서 예약하는 방법이 있다. 전세계 호텔을 취급하는 호텔 예약 사이트는 실시간 한정 특가 상품이 있어 저렴하게 구매할 수 있고 베트남 전문 여행사는 무료 숙박 또는 디너, 스파 등 추가 혜택이 많은 것이 특징이다. 호텔 예약은 원하는 특정 호텔이 있다면 여행 날짜로부터 1~2개월 전에 예약하는 것이 좋다. 베트남은 아동 동반 투숙 조건이 까다로운 편이니 예약 시 동반 가능한 아이의 수와 나이를 확인하자.

- 호텔 패스 hotelpass.com
- 아고다 agoda.co.kr
- 몽키트래블 베트남 vn.monkeytravel.com

## ◎ 체크인 Check-in

호텔 체크인 시간은 보통 오후 2시에서 3시 사이이고, 체크아웃은 오전 11시에서 12시 사이이다. 체크인은 프런트에서 직원에게 여권과 호텔 예약증(바우처Voucher)을 제시하면 된다. 여권은 복사하거나 스캔한 후 돌려준다. 간혹 여권을 보관하는 호텔도 있으나 가급적 돌려받도록 하자. 숙박계를 작성할 때에는 이름과 여권 번호, 집 주소, 이메일 등을 적으며 영어로 기재해야 한다. 집 주소를 영어로 작성하기 불편할 경우 도시와 나라(예시:Seoul, Korea) 정도만 간단하게 써도 된다. 추후 호텔에서 연락받을 일이 있는 경우에 대비해 이메일은 정확하게 작성하자. 숙박계 작성 후 숙박 보증금(디파짓)을 카드나 현금으로 낸다. 벨보이나 호텔 직원에게 객실로 안내를 받은 후에는 $2~5 정도 팁을 주는 것이 에티켓이다.

## ◎ 디파짓 Deposit

체크인 시 호텔 측에서 투숙객에게 숙박 요금 이외에 청구하는 보증금이다. 객실 내 기물 파손, 도난, 호텔 유료 서비스 미결제 등의 경우가 발생하면 보증금에서 공제한다. 보통 해외에서 사용 가능한 신용 카드(Visa, Master, Union Pay)로 1박 비용을 결제하거나 현금으로 지불하고 체크아웃 시 돌려받는다.

## ◎ 레이트 체크아웃 Late Check-out

호텔에서 정한 체크아웃 시간 이후에 퇴실하는 것을 레이트 체크아웃Late Check-out이라고 한다. 레이트 체크아웃은 사전에 호텔의 허가를 받아야 하며, 오후 2시까지 무료로 해주는 경우가 있으나 이는 호텔의 재량이다. 보통 오후 6시 이전까지 레이트 체크아웃할 경우 1박 비용의 50%가 추가되며, 그 이후에는 1박 비용이 부과될 수 있다.

## ◎ 조식 Breakfast

아침 식사 시간은 보통 7시에서 10시 사이이며 베트남의 경우 뷔페식으로 제공되는 곳이 많다. 풀빌라나 소규모 리조트의 경우 메인 요리를 주문하고 빵류나 과일 등을 뷔페식으로 제공하기도 한다. 조식을 객실로 주문할 경우 배달료가 발생할 수 있고, 만 12세 미만 아동의 경우에도 조식비가 추가되는 곳이 있으니 이용 전에 확인하는 것이 좋다.

## ◎ 무선 인터넷 Wi-Fi

보통 호텔 내에서 무선 인터넷이 무료로 제공된다. 하지만 호텔에 따라 회원으로 가입해야 무료로 제공하는 경우가 있으니 이용 전 호텔 프런트에 문의하자.

## ◎ 리조트 액티비티 Resort Activitiy

리조트에서는 요가, 명상, 트래킹, 쿠킹 클래스 등 투숙객을 위한 다양한 액티비티 프로그램을 제공한다. 약간의 재료비가 발생하는 경우를 제외하고는 대부분 무료인 경우가 많으니 예약한 호텔의 홈페이지를 살펴 보자.

 할리우드 스타들이 선택한 리조트
## 식스 센스 닌 반 베이 Six Senses Ninh Van Bay

**주소** Ninh Vân, Ninh Hòa, Khánh Hòa **위치** 깜라인 공항에서 차로 약 70분, 나트랑 시내에서 전용 보트로 약 15분 **홈페이지** sixsenses.com/resorts/ninh-van-bay **전화** 0258-3524-268

한적한 닌 반 베이에 위치한 식스 센스 닌 반 베이는 세계적인 식스 센스 그룹에서 운영하는 리조트이다. 리조트가 천혜 자연으로 둘러싸여 평화롭고 한적한 휴양을 즐길 수 있도록 설계되었다. 전 객실이 개인 수영장이 있는 풀빌라로 완벽한 프라이버시가 보장된다. 할리우드 셀럽들에게 인기 있는 휴가지로 알려지면서 한적한 휴양을 원하는 여행객들이 많이 찾고 있다.

 전용 해변이 아름답기로 유명한 리조트
## 아미아나 리조트 나트랑 Amiana Resort Nha Trang

주소 Phạm Văn Đồng, Tổ 14, Vĩnh Hải, Tp. Nha Trang  위치 깜라인 공항에서 차로 약 60분  홈페이지 amianar esort.com  전화 0258-3553-333

아미아나 리조트는 2013년에 오픈한 리조트로 이국적이면서 고급
스러운 인테리어와 웅장한 부대시설로 초창기부터 나트랑의 인기
숙소로 손꼽혔다. 깜라인 공항에서 차로 약 1시간, 나트랑 시내에서
는 약 20분 정도 소요되는 조금 외진 곳에 있다는 단점이 있지만, 이
를 보완하기 위해 시내까지 무료 셔틀버스를 제공한다. 일반 리조트
의 수영장보다 3배 큰 초대형 수영장 시설과 에메랄드빛의 전용 해
변은 아미아나 리조트의 장점이다. 인기 부대시설로 바다를 보면서
프라이빗한 룸에서 즐기는 머드 배스가 유명하다.

 **조용한 부티크 리조트**
# 미아 리조트 나트랑 Mia Resort Nha Trang

**주소** Bai Dong, Cam Hải Đông, Nha Trang  **위치** 깜라인 공항에서 차로 약 17분  **홈페이지** mianhatrang.com
**전화** 0258-3989-666

2011년 오픈한 나트랑의 5성급 리조트로 2018년 리노베이
션해 시설 컨디션이 좋다. 콘도, 빌라, 스위트룸, 5베드 빌라
등 다양한 종류의 객실이 있으며, 화이트와 민트색을 사용한
지중해 스타일 인테리어가 특징이다. 부대시설은 야외 수영장
2개, 어린이 수영장 2개를 갖추고 있고 전용 해변이 있어 물
놀이 하기에 좋다. 깜라인 공항까지는 차량으로 약 17분, 나
트랑 시내까지는 30분 정도 떨어져 있지만 한적한 곳에서 조
용하게 쉬고 싶어 하는 여행객과 한적하고 여유로운 휴양을
원하는 가족 여행객에게 인기가 많은 리조트이다.

 **스파 올 인클루시브 리조트**
# 퓨전 리조트 나트랑 Fusion Resort Nha Trang

주소 LotD10B, Nguyễn Tất Thành Street, Bãi Đông, Cam Hải Đông, Cam Lâm  위치 깜라인 공항에서 차로
약 10분  홈페이지 camranh.fusionresorts.com  홈페이지 facebook.com/FusionHotelGroup  전화 0258-
3989-777

퓨전 리조트는 프랑스 계열의 호텔로 아시아 최초로 스파 올 인클루시브All-inclusive 프로그램을 도입한
리조트이다. 투숙객에게 50분 코스의 스파 트리트먼트가 매일 2회 제공된다. 또한 조식 뷔페를 정해진 시
간에 식당에서 먹을 수도 있지만, 원하는 시간에 원하는 곳에서 조식을 주문해 먹을 수 있는 'Breakfast,
Anytime, Anywhere' 서비스도 제공해 투숙객의 만족도를 높인다. 깜라인 공항에서 차로 10분 거리
에 위치해 있어 한적하고 여유로운 휴식을 취하기에 좋다. 나트랑 시내와 조금 떨어져 있지만, 시내까지
무료 셔틀버스가 운행하고 있어 이동에 큰 불편함은 없다. 퓨전 리조트는 푸른 바다와 새하얀 모래사장과
초록빛의 자연 풍경과 동화된 느낌을 받을 수 있는 고급 리조트다.

 접근성이 좋고, 조식이 맛있기로 유명한 호텔
# 인터컨티넨탈 나트랑 InterContinental Nha Trang

주소 32-34 Trần Phú, Lộc Thọ, Thành Phố Nha Trang  위치 깜라인 공항에서 차로 약 45분, 나트랑 시내  홈페이지 nhatrang.intercontinental.com  홈페이지 facebook.com/ICNhaTrang  전화 0258 -3887-777

인터컨티넨탈 호텔은 나트랑 해변에 인근에 있으나 시내 중심과도 멀지 않아 도보로 5~10분 정도면 갈 수 있다. 이런 지리적 장점 때문에 관광과 쇼핑에 중점을 두는 여행객들에게 인기가 많다. 또한 인터컨티넨탈 특유의 고급스러운 분위기와 바다 전망룸에서 바라보는 나트랑 바다가 굉장히 아름답다. 또 하나의 장점은 조식이 맛있기로 유명한데 한 번 조식을 먹어본 투숙객들은 다음에도 조식을 먹으러 이 호텔을 재방문한다는 말이 있을 정도이다.

 식스 센스 그룹이 운영하는 비치 리조트

# 에바손 아나 만다라 나트랑 Evason Ana Mandara Nha Trang

주소 Tran Phu St, Loc Tho Ward, Thành Phố Nha Trang  위치 깜라인 공항에서 차로 약 40분, 나트랑 센터 근처  홈페이지 sixsenses.com/en/evason-resorts/evason-ana-mandara  전화 0258-3522-222

1997년에 오픈하여 2009년에 리노베이션 한 에바손 아나 만다라 리조트는 식스 센스 그룹이 운영하는 체인 호텔로 고급 리조트이다. 해변 바로 앞이면서 나트랑 시내와도 비교적 가까운 거리에 있어서 나트랑 여행을 하기에 적합한 곳이다. 고급스러운 인테리어와 아름다운 호텔 주변 조경, 직원들의 완벽한 서비스가 특징이며 대부분 객실이 바다를 바라보고 있어 나트랑을 제대로 즐기기에는 안성맞춤이다. 깜라인 공항까지는 차로 40분 정도 걸리며, 나트랑 센터까지는 걸어서 갈 수 있는 거리에 있다.

 **롱비치의 인기 리조트**
## 더 아남 리조트 The Anam Resort

**주소** Lot 3 Nguyen Thanh Tat Boulevard, Cam Hải Đông, Cam Lâm, Khánh Hòa  **위치** 깜라인 공항에서 차로 약 15분 소요  **홈페이지** theanam.com  **전화** 0258-3989-499

롱비치에 위치한 더 아남 리조트는 전망이 매우 아름답기로 유명하다. 시내와 조금 떨어져 있어 관광하기에는 불편함이 있을 수 있지만 리조트에 들어서는 순간 그런 불편함을 잊게 된다. 대표적인 부대시설과 서비스로는 바Bar, 스파, 사우나, 3개의 수영장, 비즈니스 센터가 있고, 전체적으로 조용한 분위기이며 조경이 아름다워 산책하기에 좋다. 객실 또한 전체적으로 고급스럽게 꾸며져 있어서 특히 신혼부부들에게 인기가 많다.

 **자연 속에서 휴양하는 리조트**
# 안람 리트리트 닌 반 베이 An Lam Retreats Ninh Van Bay

**주소** Ninh Vân, Ninh Hòa, Khánh Hòa  **위치** 나트랑 시내에서 차로 약 30분 이동 후 전용 선착장에서 스피드 보트로 약 15분  **홈페이지** anlam.com  **전화** 0258-3728-388

나트랑 시내에서 조금 떨어진 안람 리트리트 닌 반 베이는 보트를 타고 들어가야 하는 프라이빗한 곳에 위치하고 있다. 이 5성급 리조트는 제대로 된 휴양을 즐기고 싶은 사람들이 많이 찾는 곳인 만큼 한적하고 아름다운 자연 속에 둘러싸인 곳이다. 이동 시 보트를 타고 들어가야 하는 불편함이 다소 있지만 리조트 내부의 시설이 워낙 잘돼 있어 리조트에만 머물러도 심심하지 않다. 스파는 물론이고 쿠킹 클래스, 낚시, 등 요일별로 다양한 액티비티를 즐길 수 있다. 고급 리조트인 만큼 최고의 서비스를 받을 수 있으며 객실의 인테리어도 훌륭해 최고의 휴식을 즐길 수 있다.

 베트남 전통 건축 양식의 풀빌라 리조트
# 랄리아 닌반 베이 L'Alya Ninh Van Bay

주소 Ninh Vân, Ninh Hòa, 위치 깜라인 공항에서 차로 약 70분 소요, 나트랑 시내에서 전용 보트로 약 15분 소요
홈페이지 lalyana.com 전화 0258-3624-777

2011년에 오픈한 랄리아 리조트는 5성급 풀빌라 리조트이
다. 2017년에 베트남 스타일 인테리어로 리노베이션하여 전
통적인 느낌을 살렸다. 외관은 단순해 보일지 몰라도 내부는
고급스럽고 우아하며 현대적인 느낌을 준다. 리조트 주변은
나무로 둘러싸여 있어 휴식을 하는 동안 자연과 동화되는 느
낌을 받을 수 있다. 랄리아 리조트는 힐락 풀빌라, 라군 오션
뷰 풀빌라, 비치 풀빌라 1베드룸, 비치 풀빌라 2베드룸, 그랜
드 라군 풀빌라 2베드룸까지 다양한 타입의 객실이 있다. 그
러나 객실 수가 총 33개로 많지는 않아 조용하게 휴양을 즐길
수 있다. 시내와 멀다는 위치적 단점이 있지만 나트랑 시내까
지 서틀버스와 보트를 무료로 운행하여 큰 불편은 없다.

 **초대형 럭셔리 리조트**
# 알마 리조트 깜라인 Alma Resort Cam Ranh

주소 Nguyễn Tất Thành, Cam Hải Đông, Cam Lâm  위치 깜라인 공항에서 차로 10분  홈페이지 www.alma-resort.com  전화 0258-399-16-66

나트랑 깜라인 해변에 위치한 럭셔리 리조트로 2개의 메인 빌딩(사우스타워, 노스타워)과 빌라 타입의 파빌리온, 부대시설로 이루어져 있다. 총 364개의 룸과 196개의 빌라, 12개의 수영장, 5개의 레스토랑과 4개의 바bar, 스플래시 워터파크, 시네마, 라이브쇼 공연장, 테니스장, 배구장,18홀 미니골프, 피트니스 등을 갖추고 있어 규모도 상당하다. 2019년 12월 오픈했지만 코로나로 인해 실질적인 오픈은 2022년 중반이며 그래서인지 모든 시설이 새것처럼 깔끔하다. 객실은 스위트 타입과 파빌리온 타입으로 구분된다. 메인 빌딩에 위치한 스위트 타입은 모든 객실이 침실과 거실이 분리된 형태이며 1베드룸 스위트부터 3베드룸 스위트까지 있고 발코니에서 바라보는 뷰가 환상적이다. 파빌리온 타입은 2층으로 된 빌라형으로 로비가 있는 위치에서부터 해변 가까이 위치해 있다. 1층은 1베드룸, 2베드룸, 3베드룸 타입이 있고 개인 수영장이 갖추어져 있으며, 2층은 2베드룸 타입으로 개인 수영장은 없다. 2층 구조라서 같은 건물에 다른 고객이 함께 머무는 점은 살짝 아쉽다. 거실의 소파는 모두 소파 베드로 만들 수 있는 구조이고 스플래시 워터파크는 규모도 크고 유수풀까지 있어 아이를 동반한 가족 여행에 재미를 더할 것이다.

모든 객실에서 바다를 볼 수 있는 호텔
## 쉐라톤 나트랑 호텔 & 스파 Sheraton Nha Trang Hotel & Spa

**주소** 26-28 Trần Phú, Lộc Thọ, Thành Phố Nha Trang **위치** 깜라인 공항에서 차로 약 45분 소요 **홈페이지** sheratonnhatrang.com **전화** 0258-388-0000

쉐라톤 나트랑 호텔은 세계적인 체인 호텔인 쉐라톤에서 2008년에 오픈한 5성급 호텔이다. 객실은 총 280개로 전 객실에서 바다가 보이며 발코니를 갖추고 있다는 것이 큰 특징이다. 나트랑 센터가 바로 옆에 있어 위치적으로 편리하다. 객실은 일반 객실부터 스위트룸, 펜트하우스 등 다양하다. 또 호텔에는 한국인 직원이 있어 소통하는 데 있어 큰 어려움이 없으며, 고급 호텔 침구로 유명한 헤븐리 베드가 있어 숙면을 할 수 있다. 또 호텔 6층에는 길이가 21m 인피니트 수영장이 있어 아름다운 나트랑의 바다를 보면서 수영을 즐기기에 좋다.

**가성비 좋은 깔끔한 시내 호텔**
# 이비스 스타일 나트랑 Ibis Styles Nha Trang

**주소** 86 Hùng Vương, Lộc Thọ, Thành Phố Nha Trang **위치** 깜라인 공항에서 차로 약 44분 **홈페이지** accorhotels.com/gb/hotel-9578-ibis-styles-nha-trang **전화** 0258-627-4997

나트랑 시내 중심에 위치한 이비스 스타일 나트랑은 세계적인 체인 호텔인 이비스 계열의 호텔이다. 베트남 최초의 이비스 호텔이며 오픈한 지 얼마 되지 않아 깔끔하고 모던하다. 또 스탠다드룸부터 바다가 내려다보이는 슈페리어룸, 패밀리 스위트룸까지 객실 타입도 다양하다. 모든 객실은 금연이며 와이파이는 무료이다. 수영장은 3층에 있으며 메인 풀 외에 어린이 수영장도 별도로 있다. 가격 대비 훌륭한 호텔로 개별 여행객들 추천하는 호텔이다.

**가족 여행객에게 인기 있는 호텔**
# 노보텔 나트랑 Novotel Nha Trang

**주소** 50 Trần Phú, Lộc Thọ, Thành Phố Nha Trang city **위치** 깜라인 공항에서 차로 약 45분 **홈페이지** novotelnhatrang.com **전화** 0258-6256-900

노보텔 나트랑은 세계적인 호텔 체인 아코르 그룹에서 2005년에 나트랑 시내 중심가에 오픈한 4성급 호텔이다. 나트랑 해변과 인접해 있으면서도 시내와도 가까워 관광 명소와 볼거리들을 즐길 수 있어 좋다. 또한 여행객들을 위한 부대시설과 서비스가 잘 갖춰져 있다. 만 3세 미만 아동 2명까지는 무료 동반 투숙이 가능하여 가족 단위로 여행을 즐기는 여행객들에게도 인기가 많다.

🛎 합리적인 가격의 레지던스형 호텔
# 시타딘스 베이프런트 나트랑 Citadines Bayfront Nha Trang

**주소** 62 Trần Phú, Lộc Thọ, Thành Phố Nha Trang **위치** 깜라인 공항에서 차로 약 44분 **홈페이지** citadines. com/en/vietnam/nha-trang **전화** 0258-351-7222

시타딘스 베이프런트는 2017년에 오픈한 5성급이 부럽지 않은 4.5성급 호텔이다. 나트랑 비치 앞에 위치해 있어 다양한 관광 명소를 다니기 좋고, 외식이나 쇼핑을 즐기기에도 편하다. 합리적인 가격과 모던하고 깔끔한 객실로 가족 여행객과 비즈니스 여행객들에게 인기가 좋다. 또한 객실에서 해변이 한눈에 내려다보이고, 나트랑 비치에 전용 선베드도 마련되어 있어 휴양을 즐기기에 좋은 곳이다.

클래식한 시내 호텔
# 선라이즈 나트랑 비치 호텔 & 스파 Sunrise Nha Trang Beach Hotel & Spa

**주소** 12-14 Trần Phú, Xương Huân, Thành Phố Nha Trang  **위치** 깜라인 공항에서 차로 약 48분, 알렉산더 예르신 박물관 옆  **홈페이지** sunrisenhatrang.com.vn  **전화** 0258-3820-999

해변 맞은편에 있는 선라이즈 나트랑 호텔은 관광지와 가까워 자유 여행객들이 선호한다. 콜로니얼 건축 양식의 호텔 외관과 내부 인테리어가 고급스럽고 우아하다. 나트랑 기차역과 용선사까지 차로 5분, 탑바 온천까지는 15분 정도 걸린다. 또 근처에 여러 식당과 분위기 좋은 카페들도 많다. 호텔 내에도 수영장, 어린이 수영장, 피트니스 센터, 터키식 목욕탕 등 다양한 시설이 갖추어져 있다.

가성비와 접근성이 좋은 호텔
# 리버티 센트럴 나트랑 Liberty Central Nha Trang

**주소** 9 Biệt Thự, Lộc Thọ, Thành Phố Nha Trang  **위치** 깜라인 공항에서 차로 약 43분  **전화** 0258-3529-555  **홈페이지** libertycentralnhatrang.com

리버티 센트럴 호텔은 베트남 기업 체인인 리버티에서 2015년에 나트랑 비치 인근, 나트랑 중심가에 오픈한 4성급 호텔이다. 오픈한 지 얼마 되지 않아 시설이 최신식이며 깨끗하다. 번화가 중심에 있어서 위치도 좋고 가격도 비싼 편이 아니기에 여행객들에게 인기가 많다. 이 호텔의 특징은 시그니처룸에 오픈 욕조가 있다는 점인데 반신욕을 하며 바라보는 나트랑 해변이 상당히 아름답다. 수영장은 5층에 위치하고 있으며 크기는 그렇게 크진 않지만 어린아이들이 놀 만한 수심이 얕은 수영장도 있어 가족 여행객들에게도 추천하는 호텔이다.

 나트랑을 한눈에 내려다볼 수 있는 호텔
# 프리미어 하바나 나트랑 호텔 Premier Havana Nha Trang Hotel

**주소** 38 Trần Phú, Lộc Thọ, Khánh Hòa, Khanh Hoa province  **위치** 깜라인 공항에서 차로 약 47분  **홈페이지** havanahotel.vn  **전화** 0258 -3889-999

프리미어 하바나 나트랑은 시내 중심에 위치하고 있다. 나트랑 기차역에서 차로 5분, 나트랑 센터에서 도보로 6분, 나트랑 비치에서 도보로 10분 정도라 편안하게 관광을 즐길 수 있다. 이곳의 객실 타입은 디럭스룸, 디럭스 트리플룸, 디럭스 오션뷰 플러스룸, 주니어 스위트룸으로 구분되며 레지던스 스타일로 넓고 안락함을 느낄 수 있다. 수영장은 5층에 위치하고 있으며 수영장 이외에 피트니스 센터, 스파 등 다양한 부대시설이 있다. 특히 호텔의 꼭대기 층에는 나트랑 시내에서 가장 높은 루프톱 바인 스카이 라이트가 있어 여행객들이 많이 찾는다.

# 레갈리아 골드 호텔 Regalia Gold Hotel

나트랑 시내 호텔의 새로운 강자

주소 39-41 Nguyễn Thị Minh Khai, Lộc Thọ, Nha Trang   위치 나트랑 시내, 향 타워에서 도보 7분   홈페이지 regaliagoldhotel.com 전화 0258-359-99-99

나트랑 시내에 2019년 오픈한 5성급 호텔이며 가성비가 상당히 훌륭한 호텔이다. 40층 규모에 총 661 개의 객실을 보유한 대형 호텔로서, 스탠다드룸을 포함하여 총 11가지 룸 타입이 있다. 참고로 스탠다드 룸은 작은 창이 있지만 내부 방향으로 나 있어 뷰가 막혀 있으며, 슈피리어룸의 경우도 옆 건물에 뷰가 일 부 막힌 상태라서 뷰를 중요시한다면 디럭스 발코니 시티뷰 이상의 룸 타입부터 이용하는 게 좋다. 40 층에는 멋진 전망의 루프톱 수영장, 풀 바, 스파, 키즈클럽, 피트니스가 있고 4층에는 조식당인 더 문The Moon 레스토랑이 있다. 직원들의 서비스도 괜찮은 편이며 복도에서는 조용한 음악이 흘러나오고 은은한 아로마 향이 나는 등 호텔 관리에 신경 쓰는 모습이 보인다. 조식은 무난한 편이며 쌀국수, 토스트, 계란프 라이, 볶음밥, 소세지류, 야채류, 과일 등이 제공된다. 시내에서 가성비 좋고 깔끔한 호텔을 찾는다면 고려 해 볼 만하다. 참고로, 나트랑에는 레갈리아 호텔이라는 3성급 호텔이 있는데 레갈리아 골드 호텔과는 다 른 호텔이니 유의하자.

**거대한 정원 같은 리조트**
# 두옌 하 리조트 깜라인 Duyen Ha Resort Cam Ranh

주소 Cam Hải Đông, Cam Lâm District, Khánh Hòa  위치 깜라인 공항에서 차로 약 5분  홈페이지 duyenhare
sorts.com  전화 0258-3986-888

깜라인 공항에서 가까운 곳에 위치한
두옌 하 리조트는 규모가 커 리조트 내
에서 버기카를 타고 이동한다. 메인 빌
딩에는 디럭스룸, 프리미어룸, 스위트
룸이 있는데 주변에 높은 건물이 없어
전망이 좋다. 1베드룸부터 객실이 4개
인 풀빌라까지 다양한 타입의 객실이

있어 인원이 많은 대가족 여행객들에게도 안성맞춤이다. 객실은 베트남 스타일로 인테리어해 전통적인
느낌과 모던한 분위기를 살렸다. 리조트 내부 시설로는 키즈 클럽, 대형 수영장 2개, 레스토랑 5개, 카지
노가 있다. 호텔에서 나트랑 시내를 오가는 무료 셔틀을 운행한다.

 워터 파크가 잘 조성돼 있는 리조트
# 깜라인 리비에라 비치 리조트 & 스파 Cam Ranh Riviera Beach Resort & Spa

주소 Cam Hải Đông, Cam Lâm District, Khánh Hòa  위치 깜라인 공항에서 차로 약 15분  홈페이지 rivierares ortspa.com  전화 0258-3989-898

깜라인 리비에라 비치 리조트는 깜라인 공항에서 차로 15분 거리의 롱비치에 위치한다. 2015년도에 오픈한 리조트로 깔끔하고 세련된 객실이 특징이며 전용 비치를 갖고 있어 여유로운 시간을 보내기에 적합하며 워터파크도 운영한다. 이곳의 가장 큰 특징은 굳이 밖으로 나가지 않고도 풀보드 서비스(조식, 중식, 석식 제공) 및 스낵바를 무료로 이용할 수 있는 올인클루시브 서비스를 제공한다는 점이다.

© Swandor Cam Ranh

🛎️ 한적한 롱비치에 위치한 올 인클루시브 리조트
## 스완도르 깜라인 Swandor Cam Ranh

**주소** Km11, Nguyen Tat Thanh Boulevard, Cam Hai Dong Commune, Cam Lam District **위치** 깜라인 공항에서 차로 약 5분 **홈페이지** swandorhotels.com/en/hotels/swandor-cam-rahn **전화** 0258-3988-000

깜라인 공항에서 가까운 스완도르 리조트는 올인클루시브 리조트로 유명하다. 리조트로 밖으로 나가지 않아도 모든 것을 해결할 수 있어 완벽한 휴양을 원하는 여행객들이 선호한다. 나트랑 시내에서 차로 50분 정도 떨어져 있지만 리조트에서 시내까지 무료 셔틀버스가 수시로 다닌다. 또 리조트 내에 수영장이 2개가 있으며 메인 수영장 바로 옆에는 칵테일 바와 스낵바가 함께 있어 편하게 즐길 수 있다. 별도로 엔터테이먼트 풀을 마련해 거품 파티나 수중 에어로빅 등 다양한 프로그램도 제공하여 투숙객들의 만족도를 가 높다.

 **전 객실 바다 전망인 가족형 리조트**
# 모벤픽 리조트 깜라인 Mövenpick Resort Cam Ranh

주소 ABC, Plot D12, Nguyễn Tất Thành, Street, Cam Lâm  위치 깜라인 공항에서 차로 10분  홈페이지 www.
movenpick.com/en/asia/vietnam/cam-ranh/resort-cam-ranh.html  전화 0258-398-59-99

2019년 11월 깜라인에 오픈한 5성급 리조트로
전 객실이 시 뷰이다. 인터내셔널 호텔 체인 아코
르에서 매니지먼트를 하는 리조트로, 차에서 내리
는 순간 직원들이 달려와서 바로 짐을 들어 주고
리셉션까지 안내하는 체계적인 서비스와 빠른 응
대, 고객 중심적인 서비스가 돋보인다. 빌딩형 건
물에는 스튜디오, 슈피리어, 딜럭스, 주니어스위트
등의 호텔형 객실이 위치해 있다. (스튜디오 타입은
욕조가 없다는 점을 참고하자.) 독채 풀빌라는 1베

드룸부터 3베드룸까지 구성되어 있으며 각 빌라별로 갖추어져 있는 개인 수영장 사이즈도 제법 크다. 레
스토랑, 피트니스, 당구장, 탁구장, 나이트클럽, 미니 마트, 스파, 키즈클럽, 어드벤처 등 부대시설 또한 다
양하며 특히 워터파크는 아이들에게 최적의 물놀이 장소이다. 공간이 여유롭고 관리가 잘 되어 있는 객실,
수준 높은 서비스, 수영장을 비롯한 다양한 부대시설로 가족여행객에게 인기가 많은 리조트이다.

 현지인들이 좋아하는 가족 여행 리조트
## 셀렉텀 노아 리조트 깜라인 Selectum Noa Resort Cam Ranh

주소 35PR+HXQ, Cam Hải Đông, Cam Lâm  위치 깜라인 공항에서 차로 15분  홈페이지 selectumnoaresort.com  전화 0258-386-38-88

2019년에 오픈했지만 코로나19로 인해 본격적인 호텔 영업은 2022년부터이다. 객실은 빌딩형 건물과 노아 구역으로 구분이 되어 있는데 빌딩형에는 총 295개의 객실이 있고 노아 구역에는 211개의 룸과 6개의 풀빌라, 1개의 프레지덴셜 풀빌라가 있다. 조용한 객실을 선호한다면 빌딩형 건물보다는 노아 구역의 노아 가든이나 노아 오션 같은 객실 타입을 선택하는 편이 좋다. 노아 오션은 3층에 위치해 있어 방해 없이 바다를 조망할 수 있지만 1~2층의 노아 가든은 나무 등으로 인해 조망에 방해를 받는다. 수영장은 메인 빌딩 쪽에 1개, 노아 구역에 1개가 있으며 수영장 크기는 메인 빌딩 쪽이 훨씬 크지만 노아 구역의 수영장은 바다와 인접해 있어 멋진 뷰를 감상할 수 있다. 올인클루시브 요금으로 예약하면 조식·중식·석식을 모두 리조트에서 해결할 수 있고 바에서는 간단한 커피나 음료 등도 무료로 이용할 수 있다.

부대시설로는 아이들이 물놀이를 하기에 좋은 아쿠아파크 외에도 레스토랑, 테니스코트, 미니골프, 키즈클럽, 공연장인 S'ARENA, 스파 등이 있다. 현지인들이 많이 찾는 리조트이기에 베트남의 여름 휴가 시즌에는 현지인 가족 여행자들이 많아 다소 소란스럽기도 하니 참고하자.

# 빈펄 리조트

베트남의 대기업 빈그룹에서 운영하는 빈펄 리조트는 현재 나
트랑에 총 8개의 리조트가 있다. 각각의 리조트는 아름다운
나트랑 바다와 마주하고 있으며 다양한 부대시설도 갖추고 있
어 많은 관광객들이 빈펄을 선택한다. 나트랑 시내 인근 섬인
혼째섬에 각종 액티비티, 놀이공원, 워터파크, 식물원, 아쿠아
리움, 골프장 등 다양한 시설을 마련하여 섬 안에서 모든 것을
해결할 수 대규모 빈펄 단지를 조성하였다. 혼째섬에 위치한
리조트에 묵게 될 경우 풀보드(조식, 중식, 석식 제공) 서비스를
신청하여 섬에서 다 해결할 수 있는 '섬캉스'를 즐길 수 있다.
혼째섬(빈펄섬)에 5개, 나트랑 시내에 2개, 깜라인 공항 근처
에 1개의 숙박 시설이 있으며 일반 리조트에서 풀빌라, 콘도
텔까지 리조트 종류도 다양하다. 이름이 비슷해서 헷갈릴 수
도 있는데 나트랑에 있는 모든 빈펄 리조트를 완벽하게 정리
하였다. 자신의 여행 타입에 맞는 숙소를 선택하도록 하자.

홈페이지 vinpearl.com/resort-nha-trang

---

**Tip.** 빈펄 리조트 이용 팁!

빈펄 리조트 예약 시 빈원더스 무제한 입장권과 식사(조식, 중식, 석식) 포함 여부를 선택할 수 있다. 식사는 조
식, 중식, 석식 모두 뷔페 또는 세트 메뉴로 제공되며, 빈원더스는 투숙 기간 동안 무제한으로 입장 가능하다.
빈펄 리조트에 숙박한다면 빈펄 무제한 입장권 패키지를 구입하지 않더라도, 1일 입장권을 구입하면 하루 동
안 입장 횟수에 제한이 없다.(일반 입장권은 1일 1회 입장으로 제한된다)

# 빈펄 리조트 한눈에 보기

빈펄 콘도텔 엠파이어 나트랑

빈펄 콘도텔 비치프런트 나트랑

빈펄 리조트 & 스파
나트랑 베이

빈펄 리조트 나트랑

빈펄 디스커버리 시링크 나트랑

빈펄 디스커버리 골프링크 나트랑

빈펄 럭셔리 나트랑

빈펄 리조트 선착장

멜리아 빈펄 깜라인
비치 리조트

깜라인 공항

| 호텔명 | 객실 형태 | 위치 | 추천 타입 | 특징 | 개장 연도 |
|---|---|---|---|---|---|
| 빈펄 리조트 나트랑 | 빌딩형&풀빌라형 | 혼째섬 | 아이를 동반한 가족 | 빈원더스 가깝고 키즈 클럽 운영 | 2003년 |
| 빈펄 리조트& 스파 나트랑 베이 | 빌딩형&풀빌라형 | 혼째섬 | 커플, 부부, 대가족 | 빈원더스 전경이 조망, 키즈 클럽 운영 | 2015년 |
| 빈펄 디스커버리 시링크 나트랑 | 빌딩형&빌라형 | 혼째섬 | 커플, 부부, 대가족 | 전용 비치가 가장 넓고 빈펄 골프장과 가까움 | 2016년 |
| 빈펄 디스커버리 골프링크 나트랑 | 풀빌라형 | 혼째섬 | 커플, 부부, 대가족 | 전용 비치가 가장 넓고 빈펄 골프장과 가까움 | 2016년 |
| 빈펄 럭셔리 나트랑 | 풀빌라형 | 혼째섬 | 커플, 부부 | 전 객실 1베드룸 풀빌라 | 2011년 |
| 멜리아 빈펄 깜라인 비치 리조트 | 풀빌라형 | 혼째섬 밖 공항 근처 | 아이를 동반한 가족 | 시내와 거리가 있어 혼째 섬 내 리조트보다 한적함 | 2017년 |
| 빈펄 엠파이어 콘도텔 나트랑 | 빌딩형 | 나트랑 시내 | 커플, 가족 | 시내 중심가에 위치해 관광하기에 편리함 | 2018년 |
| 빈펄 콘도텔 비치프런트 나트랑 | 빌딩형 | 나트랑 시내 | 커플, 가족 | 시내 중심가에 위치, 취사 가능한 주방 있음 | 2018년 |

 빈원더스를 이용하기에 최적의 숙소
## 빈펄 리조트 나트랑 Vinpearl Resort Nha Trang

주소 Tre, Tp. Nha Trang, Khánh Hòa 65000 위치 혼째섬(빈펄섬) 내 전화 090-269-8900

빈펄 나트랑 리조트는 나트랑의 빈펄 계열 리조트 중 제일 먼저 혼째섬에 오픈한 곳이다. 혼째섬 내에서 빈원더스와 거리상 가깝기 때문에 빈원더스가 목적인 여행객에게 편리하며, ▊▊▊ ▊▊▊ ▊▊▊▊ ▊▊ ▊▊▊ ▊▊▊▊ ▊▊ ▊▊▊에게 인기다. 일반 객실과 풀빌라형 객실까지 다양한 종류의 객실이 있다. 2003년에 지어졌기 때문에 최근에 지어진 다른 리조트들과 비교하면 시설이 낡았고, 객실이 다소 작다는 평이 있다.

 객실에서 바다가 보이는 전망이 예술

## 빈펄 리조트 & 스파 나트랑 베이 Vinpearl Resort & Spa Nha Trang Bay

**주소** Hòn Tre, Khanh Hoa Province 922200 **위치** 혼째섬(빈펄섬) 내 **전화** 0258-3598-999

2015년에 개장한 빈펄 나트랑 베이 리조트는 혼째섬 내에 있다. 총 483개의 빌딩형 객실을 가지고 있어 단체 여행객 수용이 가능하다. 3개의 레스토랑과 피트니스, 키즈 클럽 등 다양한 부대시설이 있으며 시설도 굉장히 깨끗하다. 이 리조트에서 가장 극찬을 받고 있는 곳은 수영장인데 해변 바로 앞에 위치해 있어 넓은 바다를 보며 수영할 수 있고 상당히 규모가 커서 많은 인원이 한 번에 이용할 수 있다. 바다가 보이는 객실과 반대편 언덕이 보이는 일반 객실이 있으니 선택할 때 참고하자.

 **골프여행객들에게 안성맞춤**
# 빈펄 디스커버리 골프링크&시링크 나트랑 Vinpearl Discovery Golflink & Sealink Nha Trang

**주소** City, Hon Tre Island, Ward, Vĩnh Nguyên, Nha Trang **위치** 혼째섬(빈펄섬) 내 **전화** 골프링크 0258-3598-599, 시링크 0258-3598-888

빈펄 디스커버리의 이전 명칭은 디스커버리1, 2, 3이었으나 디스커버리1이었던 빈펄 디스커버리 락사이드 나트랑은 운영을 하지 않으며, 빈펄 디스커버리2는 빈펄 디스커버리 시링크 나트랑으로, 빈펄 디스커버리3는 빈펄 디스커버리 골프링크 나트랑으로 명칭이 변경되었다. 시링크는 빌딩식 건물에 403개의 룸, 그리고 244개의 빌라 타입 객실이 있으며 전용 해변을 바로 앞에 끼고 있고 특히 한국인에게 인기가 많다. 골프링크는 182개의 빌라 타입 객실만 있다. 유럽풍 외관으로 깔끔하고 모던하다는 인상을 주며 혼째섬 가장 안쪽에 위치하고 있어 조용하고 한적하다. 빈펄 골프장까지 도보로 이동이 가능할 정도로 가까워 골프 이용객이 선호하는 리조트이다. 또한 유럽의 고급 주택에서 머무는 듯한 외관과 인테리어가 눈길을 끌고 객실끼리 붙어 있는 게 아니라 따로 독채 형식으로 되어 있어 완벽하게 프라이버시가 보장된다. 2~4베드룸의 다양한 빌라형 객실로 구성되어 있어 인원이 많은 가족 여행객들에게 추천한다.

🛎 로맨틱한 빌라형 리조트
# 빈펄 럭셔리 나트랑 Vinpearl Luxury Nha Trang

주소 Hon Tre Island, Vinh Nguyen Ward  위치 혼째섬(빈펄섬) 내  전화 0258-3598-598

빌라형으로 된 빈펄 럭셔리 나트랑 리조트는 이름처럼 굉장히 고급스럽다. 1베드룸 독채형 빌라가 총 84개가 있으며, 빌라마다 수영장이 있어 프라이빗한 공간에서 편안하게 휴식을 취할 수 있다. 1베드룸 객실밖에 없기 때문에 4인 이상 투숙할 수 없어 커플이나 신혼 여행객들에게 적합하다. 시설 관리가 잘 되며 직원들이 친절하고 수준 높은 서비스를 제공한다. 레스토랑에서는 베트남 전통 공연을 라이브로 진행해 투숙객들의 만족도가 높다.

 **공항 인근에 위치한 한적한 리조트**
# 멜리아 빈펄 깜라인 비치 리조트 Meliá Vinpearl Cam Ranh Beach Resort

**주소** Lô D6B2-D7A1, Nguyễn Tất Thành, Khu 2, Cam Lâm **위치** 깜라인 공항에서 차로 약 10분 **전화** 0258-3991-888

멜리아 리조트는 롱비치 해변 인근에 위치해 있다. 깜라인 공항과의 거리가 차로 10분 정도이며, 나트랑 시내와는 약 40분으로 거리가 있지만 무료 셔틀버스를 운행하고 있어 이동에 큰 불편은 없다. 멜리아 리조트는 전체 객실이 풀빌라이며, 객실은 2~4베드룸으로 종류가 다양하다. 부대시설로 키즈 놀이터도 있어 가족 여행객들이 많이 찾는다. 리조트 단지가 매우 넓어서 리조트 내에서만 시간을 보내도 지루하지 않다. 객실 주변 조경이 아름답고, 나트랑 외곽이라 전체적으로 조용하고 독립적인 분위기에서 휴양을 즐길 수 있다.

 빈펄 계열의 가성비 좋은 리조트
# 빈펄 엠파이어 콘도텔 나트랑 Vinpearl Empire Condotel Nha Trang

**주소** 44-46 Lê Thánh Tôn, Lộc Thọ, Thành Phố Nha Trang **위치** 깜라인 공항에서 차로 약 45분, 나트랑 센터에서 도보로 약 10분 **전화** 0258-3599-888

2018년 3월에 오픈한 엠파이어 콘도텔은 5성급 빈펄 계열 호텔이지만 비교적 가격이 합리적이다. 혼째섬이 아니라 나트랑 시내 중심가에 있어 관광이 목적인 여행객에게 좋다. 건물 1층에서 4층까지는 빈컴 플라자 쇼핑센터가 있어 마트, 식당가, 키즈 카페 등을 이용할 수 있다. 41층짜리 건물이라 고층에서 내려다보는 도시와 바다의 풍경이 매우 아름답다.

![bellhop icon] 시내와 접근성이 좋은 대규모 호텔
# 빈펄 콘도텔 비치프런트 나트랑 Vinpearl Condotel Beachfront Nha Trang

**주소** 78 Trần Phú, Lộc Thọ, Thành Phố Nha Trang **위치** 깜라인 공항에서 차로 약 44분, 나트랑 센터에서 도보로 약 10분 **전화** 0258-3598-900

빈펄 콘도텔 비치프런트 나트랑은 다른 빈펄 그룹의 호텔들과 마찬가지로 베트남 대기업인 빈그룹에서 운영 중이며, 2018년 9월에 오픈한 대규모의 호텔이다. 비치프런트라는 이름처럼 해변과 근접해 있으면서 동시에 빈펄섬이 아닌 나트랑 시내에 위치하고 있어 접근성도 좋다. 객실은 총 895개로 엄청난 규모를 자랑하며 오픈한 지 얼마 되지 않아 시설이 깔끔하고 내부 인테리어 또한 정갈하다. 콘도텔이기 때문에 조리용 싱크대와 인덕션도 구비돼 있어 가족 여행객들이 편리하게 이용할 수 있다. 조식을 비롯해 객실의 구성 및 인테리어, 부대시설 등 여러 점에서 만족도가 높다. 룸키가 있다면 해변의 선베드를 무료로 이용할 수 있으니 여유롭게 이용해 보자.

# 나트랑
## NHA TRANG
# 부          록

# 베트남어 회화

## 인사할 때

| | | |
|---|---|---|
| 안녕하세요. | Xin Chào. [씬 짜오] | |
| 만나서 반가워요. | Rất Vui Được Gặp. [젓 부이 드억 갑] | |
| 처음 뵙겠습니다. | Rất Hân Hạnh. [젓 헌 하잉] | |
| 다음에 또 만나요. | Hẹn Gặp Lại Nhé. [헨 갑 라이 녜] | |
| 감사합니다. | Cảm Ơn. [깜 언] | |
| 실례합니다. | Xin Lỗi. [씬 로이] | |
| 이름이 뭐예요? | Ban Ten Gi? [반 뗀 지?] | |
| 나는 한국인입니다. | Tôi Là Người Hàn Quốc. [또이 라 응어이 한 꿱] | |
| 영어 할 줄 아세요? | Chị Có Biết Nói Tiếng Anh Không? [찌 꼬 비엣 노이 띠응 아잉 콩?] | |
| 미안합니다. | Xin Lỗi. [신 러이] | |
| 예 / 아니요 | Vâng. / Không. [벙 / 콩] | |
| 늦어서 죄송합니다. | Xin Lỗi Vi Muộn. [씬 로이 비 무온] | |
| 괜찮습니다. | Không Sao. [콩 싸오] | |
| 안녕히 가세요 . | Tam Biet. [땀 비엣] | |

## 교통수단 이용 시

| | |
|---|---|
| 공항까지 얼마나 걸려요? | Đến Sân Bay Mất Bao Nhiêu? [덴 썬 바이 멋 바오 니에우?] |
| 이 주소로 가 주세요. | Cho Tôi Đến Địa Chỉ Này. [쪼 또이 덴 디아 찌 나이] |
| 여기서 세워 주세요. | Dừng Ở Đây. [이응 어 더이] |

## 상점에서

| | |
|---|---|
| 얼마예요? | Cai Nay Bao Nhiêu? [까이 나이 바오 니에우?] |
| 비싸요. | Đắt Quá. [닷 꾸아] |
| 깎아 주세요. | Giảm Giá Đi. [잠 쟈 디] |
| 다른 것으로 바꿔 주세요. | Đổi Cho Tôi Cái Khác. [도이 쪼 또이 까이 칵] |
| 포장해 주세요. | Gói Lại Giúp Tôi. [고이 라이 줍 또이] |
| 배달이 가능한가요? | Có Chuyển Tận Nơi Cho Tôi Không? [꼬 쭈옌 떤 너이 쪼 또이 콩?] |

## 아플 때

| | |
|---|---|
| 여기가 아파요. | Đau Ở Đây. [다우 어 더이] |
| 열이 있어요. | Bị Sốt. [비 솟] |
| 이 근처에 병원이 있어요? | Ở Gần Đây Có Bệnh Viện Không? [어 건 더이 꼬 벤 비엔 콩?] |

## 식당에서

| | | |
|---|---|---|
| 메뉴판 주세요. | Cho Tôi Bản Thực Đơn. | [쪼 또이 반 특 던] |

영어 메뉴판 있어요?  Có Thực Đơn Tiếng Anh Không Ạ?
[꼬 특 던 띠응 아잉 콩 아?]

물 주세요.  Cho Tôi Nước. [쪼 또이 느억]

어느 것이 가장 맛있어요?  Món Nào Anh Thấy Ngon Nhất? [몬 나오 안 터이 응온 녓?]

고수 빼 주세요.  Không Cho Rau Thơm Chịa. [콩 쪼 라우 텀 찌아]

계산서 / 영수증 주세요.  Cho Tôi Hóa Đơn. [쪼 또이 호아 던]

이거 공짜예요?  Cái Này Miễn Phí À? [까이 나이 미엔 피 아?]

## 길을 물어볼 때

여기가 어디예요?  Đây Là Đâu Ạ! [더이 라 더우 아!]

00가 어디에 있어요?  ~Ở Đâu? [~ 어 더우?]

길을 잃었어요.  Tôi Bị Lạc Đường. [또이 비 락 드엉]

00까지 가는 길을 알려 주세요.  Hãy Chỉ Đường Cho ~Tôi Tới. [하이 찌 드엉 쪼 또이 떠이~]

화장실은 어디에 있나요?  Nhà Vệ Sinh Ở Đâu? [냐 베 씽 어 더우?]

## 도난 당했을 때

| | |
|---|---|
| 도와주세요 . | Ban Giup Toi Voi? [반 지웁 또이 보이?] |
| 경찰서가 어디예요? | Đồn Công An Ở Đâu Ạ? [돈 꽁 안 어 더우 아?] |
| 경찰을 불러 주세요. | Hãy Gọi Công An Giúp Tôi. [하이 고이 꽁 안 쭙 또이] |
| 제 지갑을 소매치기 당했어요. | Tôi Bị Móc Túi Mất Ví. [또이 비 목 뚜이 멋 비] |

## 숫자

| | | | |
|---|---|---|---|
| 0 | Không [콩] | 9 | Chín [찐] |
| 1 | Một [못] | 10 | Mười [므어이] |
| 2 | Hai [하이] | 100 | Một Trăm [못짬] |
| 3 | Ba [바] | 1,000 | Nghìn [응(늠)] |
| 4 | Bốn [본] | 10,000 | Mười Nghìn [므어이 응(10 + 1,000)] |
| 5 | Nam [남] | 100,000 | Một Trăm Nghìn [못 짬닝(100 + 1,000)] |
| 6 | Sáu [싸우] | 1,000,000 | Triệu [찌에우] |
| 7 | Bảy [바이] | 10,000,0000 | Mười Triệu [므어이 찌에우] |
| 8 | Tám [땀] | 반(Half) | Rưỡi [르어이] |

베트남어 숫자는 영어와 마찬가지로 3자리씩 끊어서 읽는다.
2만(20,000) = Hai Mười Nghìn[하이 므어이 잉] 또는 Hai Chục Nghìn[하이 쭉 잉]이라고 한다.

# 영어 회화

## 기본 회화

| | |
|---|---|
| 안녕하세요? | Hello! |
| 만나서 반갑습니다. | Nice to meet you. |
| 저는 000이라고 합니다. | My Name is 000. |
| 한국에서 왔습니다. | I'm from Korea. |

## 공항에서

| | |
|---|---|
| 무엇을 도와드릴까요? | How Can I help you? |
| 탑승 시간은 언제입니까? | When is boarding time? |
| 여권과 항공권 부탁드립니다. | May I have your passport and flight ticket, please? |
| 창 쪽 또는 복도 쪽으로 좌석을 드릴까요? | What do you prefer Window seat or aisle seat? |
| 탑승권을 보여 주세요. | Boarding pass, please. |
| 짐은 두 개입니다. | I have two pieces of baggage. |
| 이 예약을 취소해 주세요. | Can you please cancel this booking? |

# 입국 심사대에서

| | |
|---|---|
| 여권 좀 보여 주시겠습니까? | May I see your passport, please? |
| 여기 있습니다. | Here it is. |
| 어디에서 오셨습니까? | Where are you from? |
| 한국에서 왔습니다. | I am from Korea. |
| 얼마나 머물 예정입니까? | How long will you stay here? |
| 7일 동안 머물 겁니다. | I will stay for 7 days. |
| 방문 목적은 무엇입니까? | What is the purpose of your visit? |
| 휴가/업무차 왔습니다. | I'm here on Holiday/business. |
| 어디서 묵으실 건가요? | Where will you stay? |
| 홀리데이인 호텔에서 묵을 예정입니다. | I'll stay in Holiday inn Hotel. |

## 세관에서

| | |
|---|---|
| 신고할 물건이 있습니까? | Do you have anything to declare? |
| 아니요, 없습니다. | No, I don't. |
| 가방을 열어 보십시오. | Can you open your bag? |
| 개인용품뿐입니다. | I have only personal belongings. |
| 신고서를 주십시오. | Please, show me the customs declaration form. |
| 녹색 통로로 나가십시오. | You can go out through green line. |

## 환전할 때

| | |
|---|---|
| 어디서 환전할 수 있나요? | Where can I exchange money? |
| 한국 돈을 베트남 동으로 환전해 주시겠어요? | Can you exchange Korean Won for Vietnam Dong, please? |
| 이 용지에 기입해 주시겠어요? | Can you fill out this form, please? |
| 현금을 어떻게 드릴까요? | How would you like your money? |
| 10만 동 5장과 20만 동 10장으로 부탁합니다. | Five 10-thousands dong, Ten 20-thousands dong, please. |
| 이 여행자 수표를 현금으로 바꾸고 싶어요. | I'd like to exchange this traveler's checks to cash. |
| 환전 수수료가 있나요? | Is there any commission for the exchange? |

# 호텔에서

| | |
|---|---|
| 어떻게 도와드릴까요? | How Can I help you? |
| 체크인하려고 합니다. | I'd like to check in, please. |
| 예약은 하셨습니까? | Do you have a reservation? |
| 네, OOO으로 예약했습니다. | Yes. I have a reservation under my name OOO. |
| 이 숙박부에 기재해 주시겠어요? | Will you fill out this form, please? |
| 어떻게 적어야 합니까? | Can you tell me how to fill out this form? |
| 성함과 주소만 기입해 주시면 나머지는 제가 써 드리죠. | Just put your name and address here, and I'll take care of the rest of it. |
| 보증금을 위한 신용카드 주시겠어요? | Can you please give me credit card for deposit? |
| 아기 침대 하나 준비해 주시겠어요? | Can you arrange one baby cot in the room? |
| 조식은 포함인가요? | Does it includes breakfast? |
| 체크아웃은 몇 시인가요? | When is check out time? |
| 귀중품을 맡길 수 있을까요? | Can I deposit valuables here? |
| 언제까지 맡겨 두실 건가요? | How long would you like us to keep it? |
| 체크아웃할 때 받고 싶습니다. | I would like to receive it upon check out. |
| 3시까지 짐을 보관하고 싶어요. | I would like to keep my luggages till 3 pm. |

## 레스토랑에서

| | |
|---|---|
| 예약하셨습니까? | Do you have a reservation? |
| 저녁 7시에 5명 예약하고 싶습니다. | I would like to book the table at 7pm for 5 persons. |
| 000으로 예약해 주세요. | Please book the table under 000. |
| 몇 분이신가요? | How many persons? |
| 3명입니다. | Three persons. |
| 이쪽으로 오세요. | This way, please. / Follow me. |
| 아기 의자를 준비해 주시겠습니까? | Can you arrange one baby chair? |
| 주문하시겠습니까? | May I take your order, please? |
| 메뉴를 보고 싶은데요. | I'd like to see the menu, please. |
| 무엇으로 드시겠습니까? | What will you have? |
| 이 레스토랑의 대표 메뉴를 추천해 주시겠습니까? | Can you please recommend me signature menu of this restaurant? |
| 이 메뉴는 어떨까요? | Why don't you try this dish? |
| 더 주문하시겠습니까? | Would you order more dishes? |
| 포장해 주시겠어요? | Can I get this to go? |

## 상점에서

| | |
|---|---|
| 얼마예요? | How much it is? |
| 너무 비싸네요. | It is too expensive. |
| 조금 깎아 주시겠어요? | Can you please discount a little bit? |
| 이것은 너무 작네요. | It's too small for me. |
| 다른 사이즈 없나요? | Can you show me other size? |
| 그냥 구경하는 중입니다. | I'm just looking around. |
| 다른 물건 보여 주시겠어요? | Can you show me another one? |
| 신용카드/체크카드/현금으로 결제하고 싶어요. | I'd like to pay by credit card/debit card/cash. |
| 선물을 포장해 주시겠어요? | Can I take gift wrap of it? |
| 영수증 주세요. | Receipt, Please. |

## 병원에서

| | |
|---|---|
| 몸이 안 좋아요. | I don't feel well. |
| 병원에 데려다 주세요. | Will you please take me to the hospital? |
| 열이 있어요. | I've a fever. |
| 머리/배가 아파요. | I've a headache/stomachache. |
| 여행자 보험을 위한 서류를 준비해 주시겠어요? | Would you please arrange forms for travel insurance? |

## 교통수단

| | |
|---|---|
| 택시를 불러 주세요. | Would you please call a taxi? |
| 택시 정류장이 어디입니까? | Where is the taxi stand? |
| 공항까지 가 주세요. | To the airport, please. |
| 여기에 세워 주세요. | Please stop here. |
| 국제 공항까지 요금이 어떻게 되나요? | How much is it to the international airport? |
| ~로 가는 버스가 맞나요? | Is this bus for~? |
| 요금은 얼마입니까? | What is the fare? |
| 이 기차는 ~역에서 정차하나요? | Does this train stop at~? |
| 어디서 갈아타나요? | Where do I transfer? |
| ~까지는 얼마나 걸립니까? | How long does it take to go ~? |
| 이 표를 취소할 수 있나요? | Can I cancel this ticket? |
| 어디로 가십니까? | Where are you going? |

## 유심을 구입할 때

| | |
|---|---|
| 유심 카드를 어디서 살 수 있나요? | Where can I find USIM card? |
| 핸드폰 요금을 충전할 수 있을까요? | Can I top up my cell phone? |
| 잔액을 어떻게 확인하나요? | How can I check balance? |

# 찾아보기

나트랑 전도

화련섬 투어

호시에
안랑 리트리트 닌 반 베이
용무 선착장
릴리아 닌 반 베이
식스 센스 닌 반 베이

원숭이섬 투어
혼라오

아미아나 리조트 나트랑

빈펄 리조트 나트랑
빈펄 리조트 나트랑
빈펄 디스커버리 시랄크 나트랑
빈펄 디스커버리 골프링크 나트랑
빈펄 골프 클럽

빈펄 리조트 & 스파 나트랑 베이
빈펄 레저시리 나트랑
혼미우섬
빈펄 선착장

혼제섬
혼제섬
혼못섬

혼뭇섬

호롱
빈펄 리조트 나트랑 & 골프 클럽

빈펄 시내
나트랑 시내
아이 리조트 스파
참바 스파

다이아몬드 베이 골프 클럽

마이아 리조트

더 아남 리조트
깜라인 리베에라 비치 리조트 & 스파
깜라인 베이 리조트 깜라인
셀렉텀 노이 리조트 깜라인
멜리아 빈펄 깜라인 비치 리조트
알마 리조트 깜라인
투 엔 하 리조트 깜라인
퓨전 리조트 나트랑
모벤픽 리조트 깜라인
깜라인 공항

KN골프 링크스 깜라인